LA
PREMIERE PARTIE
DE L'OEVVRE
MINERALE,

OV EST ENSEIGNE'E
la separation de l'Or des Pierres à feu, Sable, Argile, & autres Fossiles, par l'Esprit de Sel, ce qui ne se peut faire par autre voye.

Comme aussi vne Panacée, ou Medecine vniuerselle, antimoniale, & son vsage.

PAR IEAN RVDOLPHE GLAVBER.

Et mise en François par le Sr Dv Teil.

A PARIS,

Chez THOMAS IOLLY, Libraire Iuré, ruë S. Iacques, au coin de la ruë de la Parcheminerie, aux Armes d'Hollande.

M. DC. LIX.
AVEC PRIVILEGE DV ROY.

PREFACE AV
LECTEVR.

ANS doute il se trouuera des gens, lesquels ne sçachans pas les diuers Voyages que i'ay faits, ny les autres empeschemens que ie puis auoir eu, s'imagineront que ie ne veux, ou que ie ne puis pas tenir ma parole, pour auoir negligé jusques-icy l'Edition de certains Traittez, dont i'auois fait mention; il s'en trouuera d'autres, lesquels connoissant mon naturel, & la calomnie de mes ennemis, s'imagineront que ie tiens cachées à dessein les choses que i'auois promises : C'est pourquoy ie suis resolu de tenir ma parole, pour faire voir à ceux-cy, que ie ne suis point touché de l'insulte de mes enuieux; & à ceux-là, que ie les veux conuaincre par vne sensible demonstration, en publiant & communiquant au public quelques-vns de mes secrets. Quoy que l'ingratitude du monde me donnat occasion de les celer; toutefois la candeur de mon ame l'a emporté par dessus cette consideration : Outre cela i'ay esté poussé par vne autre raison, c'est qu'il y a certains Esprits ambitieux, qui se vantent d'auoir la connoissance de mes Secrets, ce qui a esté cause que beaucoup se sont persuadez, que mes Escrits ne venoient pas de moy, mais de quelque autre, auquel ils attribuoient la loüange qui m'estoit deuë; & il m'est souuent arriué, que ceux qui auoient receu vn Secret de moy, se sont vantez d'en estre les Inuenteurs, par l'obstentation d'vne vaine gloire.

Il y en a aussi, qui n'estant pas venus à bout de leur dessein, m'accusent faussement d'auoir écrit des sottises ; mais ils ne doiuent blâmer que leur ignorance, & non pas mes Escrits qui ont assez de clarté pour les Sçauans. Toutes ces considerations estoient capables d'empescher que ie ne misse mes Ouurages en lumiere, mais ie l'ay veulu faire en faueur des honnestes gens. Ainsi ie soustiens hautement que mes Escrits ne sont point des sottises, mais des veritez bien certaines; qu'ils ne sont point non plus des inuentions d'autruy, mais celles de mon esprit : Au reste ie vous aduertis, mon cher Lecteur, que ie n'imite pas la pluspart des Escriuains qui s'étudient plustost à l'orne-ment des paroles qu'à la doctrine ; mais pour moy ie me sers d'vn stile simple & naïf, & ne cherche que l'vtilité de mon prochain : C'est pourquoy i'ay mieux aimé me seruir de la prolixité des paroles, laquelle est ennuyeuse aux oreilles delicates, que de la briéueté, la-quelle est ordinairement obscure, quoy qu'elle soit ornée dès figures de la Rhetorique. Ie commenceray donc, apres auoir inuoqué le Saint Nom de Dieu, mon Ouurage, lequel i'ay diuisé en trois Parties, sous le titre de l'Oeuure Minerale. Dans la premiere il sera monstré comment l'or peut estre tiré du sable & des cailloux, par le moyen de l'es-prit de sel. Quoy que ce Secret semble de peu d'importance, toutesfois il est capable de nourrir celuy qui s'en seruira, pourueu qu'il ait la connoissance des pierres & du sable pro-pres à cette operation.

Dans la seconde il sera traitté de l'origine & de la generation des metaux, & de la mort tant des mineraux que des metaux.

Dans la troisiéme sera monstré la possibi-lité de la Transmutation metalique, par di-uerses raisons ; ce qui n'ayant encore esté fait par personne, que ie sçache, ce sera le

Au Lecteur.

fondement de toute la Philosophie Metalique,
& comme la Couronne d'or de tous mes Escrits. Dieu veüille que ie puisse accomplir
mon dessein, à sa gloire, & à l'vtilité de
mon prochain.

LA PREMIERE
PARTIE DE L'OEVVRE
MINERALE.

PROCEDE' TRES - PROFITABLE
pour separer ⊙ des pierres à feu, sable, terre
grasse, talc rouge & noir, & autres fossiles,
contenant en eux vn ⊙ subtil & spongieux,
qui ne peut estre separé par autre voye, soit
pour la petite quantité, ou pour la dureté
du Mineral, ou pour les grands frais. Ce
qui est tres-aisé auec l'esprit de Sel.

ÇACHE premierement, Amy
Lecteur, que toute sorte de
sable, terre grasse, pierres à feu,
& autres fossiles, ne contiennent pas ⊙ ; mais seulement
quelques-vns, sans la connoif-
sance desquelles, ce secret ne
vaut rien ; & d'autant que la connoissance de
celle-cy est tres-necessaire à l'Artisan, ie veux
montrer comme il les faut éprouuer, afin de connoistre s'ils contiennent ⊙ ou non, afin que tu

A iiij

ne trauaille pas en vain, mais au contraire auec vtilité.

La folie des hommes est merueilleuse, ils cherchent toûjours des choses incertaines & laissent les certaines, quoy qu'elles soient exposées à la veuë de chacun ; car beaucoup dans le desir de gagner des richesses, trauaillent apres des choses incertaines. De mille, à peine s'en trouue-il vn qui vienne à bout de son dessein, quoy que les metaux puissent estre perfectionnez & purifiez ; i'entens les metaux imparfaits & impurs, afin qu'il en puisse estre extrait de bon ⊙ & bon ☽ mais cét art est donné à fort peu de gens, & mesme chacun n'est pas propre de venir à bout d'vn tel trauail, d'autant qu'il demande vn ingenieux Artisan ; mais les choses qui sont certaines peuuent estre faites auec peu de frais & peu de trauail par vn Chimique vulgaire, s'il est homme ingenieux, & qu'il ne cherche point de choses trop releuées & de trop grand profit aux premiers essais. C'est pourquoy prens bien garde à l'extraction des susdites pierres, car si tu penses en extraire auec l'esprit de Sel de beaucoup de sortes, qui n'ont point ⊙, sans doute tu n'y trouueras point ⊙ ; & si tu penses en extraire quelque peu qu'elles côtiennent, & que tu ignore sa separation par la voye de l'Antimoine, tu n'en dois point attendre de profit.

Il est donc premierement necessaire d'auoir la connoissance de ces pierres, & apres de la separation par la voye de l'Antimoine ; c'est pourquoy si tu viens à manquer, ne m'en impute point la faute, mais à ta seule ignorance, pour ne

connoiſtre pas l'extraction de l'or, car i'ay écrit
aſſez clairement, quand meſme il y auroit quelque choſe d'oublié ; c'eſt pourquoy ie t'aduertis
de prendre bien garde à ton trauail, autrement
il te ſera inutile ; car il eſt tres-aſſeuré qu'il ſe
trouue en beaucoup d'endroits des pierres, terre
graſſe & ſable, qui ont & contiennent bien ſouuent beaucoup d'or, & encore qu'ils n'en ayent
pas en abondance, neantmoins il en peut eſtre
extrait auec profit ; mais des pierres qui en
contiennent beaucoup, il en peut eſtre extrait
auec grand profit. Il ſe trouue auſſi des roches
& des montagnes d'or, & de grandes montagnes
remplies de ſable & terre graſſe pleines d'or, ne
rendant pas ce qu'il couſte pour les lauer, à cauſe
de leur trop grande rarefaction, ſpongioſité &
legereté, à cauſe qu'en le lauant, il s'en va auec
le ſable ; neantmoins quoy qu'il en ſoit, il en
peut eſtre extrait auec profit par l'eſprit de Sel,
& par l'antimoine fixe & purifié : En vn mot
c'eſt vn ſecret par lequel vn homme ne ſçauroit
eſtre nuiſible à vn autre, comme il arriue en
d'autres operations mécaniques ; c'eſt pourquoy
il n'y a point d'homme qui doiue eſtre honteux
d'y trauailler, car Dieu au commencement crea
l'or dans la terre & dans les pierres, afin que
nous l'en puiſſions extraire à la gloire de ſon
nom, & profit de noſtre prochain, meſme il n'a
pas defendu le veritable vſage ; c'eſt pourquoy ie
dis en verité que i'ay icy décrit cét Art, quoy
que mépriſé par les ignorans, il eſt de grand profit & preſque incomprehenſible. Maintenant
conſidere la choſe vn peu plus auant, & tu trou-

ueras en chaque place dans la terre de grands trefors qui fe peuuent auoir ; mais qui ne font pas découuerts à caufe de l'ignorance. En verité tous connoiffent qu'il y a en diuers endroits du fable & terre graffe, qui contient de l'or, lequel pour les fufdites raifons eft laiffé en friche fans eftre trauaillé, mais il le peut eftre aifément par mes preceptes.

Il fe trouue auffi des montagnes d'argent, defquelles l'argent ne fçauroit eftre extráit, à caufe du peu de poids qu'il a ; il fe trouue auffi en beaucoup de places vne certaine terre jaune ou rougeaftre, ou femblable à la terre graffe, laquelle quoy qu'elle contienne beaucoup d'argent, il n'en peut eftre extrait auec profit par la voye fufdite ; neantmoins elle fe peut feparer auec profit, non auec l'efprit de Sel, qui le laiffe fans le toucher, mais par vn autre chofe qui fe trouue par tout en abondance, dont pour certaines raifons nous n'en dirons rien en cet endroit.

Et cette voye de feparation fait beaucoup pour la miniere de cuiure qui n'eft pas abondante, de laquelle on n'en fçauroit tirer aucun profit par la voye ordinaire, pour le feparer du cuiure & apres le reduire en vn meilleur metal, ou la changeant en verd-de-gris, faute d'vn meilleur Art, laquelle chofe peut tres-bien & tres-honneftement entretenir plus que d'vne famille. Par cette voye on peut feparer des fcories de l'or, l'argent & le cuiure auec profit, mais d'autant que i'ay refolu de ne traitter icy que de la feule extraction de l'or hors des pierres, ie laiffe auec raifon de traitter de l'extraction de l'argent & du

culure pour en traitter autre part, à cause qu'elle
se doit faire par vn autre menstruë. Si ie voy que
cette démonstration soit approuuée, elle sera
suiuie d'autres tres-excellentes. Mais à present
i'ay entrepris vne plus noble maniere pour l'a-
mour de ma Patrie, par laquelle il se voit clairement que quoy que l'Allemagne soit reduite à la
necessité, elle est neantmoins assez riche, si elle
veut seulement prendre garde à ses tresors cachez. Il n'est pas necessaire de presenter le morceau maché, car il suffit de la démonstration; il
n'est pas aussi bon de presenter ce qui est bon
à ceux qui le negligent, car aux ingrats la meilleure chose ne leur est pas agreable. Ie veux donner en peu de mots la démonstration & l'extraction de ces pierres, ne doutant pas qu'vn
expert & experimenté Chimiste, n'en tire du
profit & n'en remercie Dieu; ce que le paresseux
ne fera pas.

Pour ce qui concerne les susdites pierres, desquelles l'or doit estre extrait, c'est où consiste
tout le secret. Toute sorte de pierres pour la
pluspart ont vn or inuisible, & quelquefois vi-
sible & inuisible, volatil & corporel tout ensemble; mais communément beaucoup contiennent
du fer impur, semblable à vn or volatil & aussi
meur, & vn peu de soulphre semblable au cuiure.

Les pierres que les Allemans appellent *Quar-*
tzen, & *Hornstein*, contiennent de l'or pur &
corporel, quoy qu'il soit meslé auec ☽ & ♀
peuuent estre bruslez & broyez, & extraits auec
le ☿, & s'ils abondent en ☉ peuuent estre pur-

gez par la fonte; ce trauail est ordinaire aux Mineurs, & à ceux qui s'exercent aux metaux : defquelles choses ie n'entês pas parler, d'autant que
d'autres en ont escrit auparauant; mais pour
des pierres, *Quartzen*, & *Hornstein*, qui se trouuent presque par tout, qui ne contiennent qu'vne
quantité ☉ ferreux & marcasiteux, soit-il fixe
ou volatil, il n'en peut estre separé auec profit
par le ☿ ny par la fonte : c'est pourquoy elles
sont negligées par les Mineurs, soit par ignorance, ou à cause des frais insupportables ; mais
i'ay éprouué ces pierres méprisées, & si peu ☉
qu'elles continssent, il se pouuoit separer auec
grand profit. Ie ne veux pas attendre dauantage
d'en publier la connoissance, pour l'amour de
mon prochain, ne doutant nullement que cette
publication sera profitable à beaucoup, car ie
n'ignore pas qu'il y en a aussi bien des Doctes
que des Sçauans, Nobles & Roturiers, Seculiers
& Ecclesiastiques, ausquels il est fort difficile de
maintenir leurs familles, lesquelles à cause des
guerres, ou autres accidens, sont tombées dans la
pauureté ; & à leur consideration, & d'autres
qui sont necessiteux, i'ay publié ce secret, lequel
estant bien trauaillé, ne rapportera pas vn petit
profit tous les ans, particulierement aux endroits où les pierres se trouuent en abondance,
comme aussi l'esprit de sel, la description duquel
est donnée en la premiere partie de mes Fourneaux, & cy-apres en sera donné vne meilleure,
si rien ne m'en empesche ; & cependant sers-toy
de celuy-cy. Que si par fortune il arriuoit que
tu ne peusses venir à bout de ce trauail susdit,

ne rougis point d'apprendre les operations ma-
nuelles, lesquelles ne se peuuent décrire exacte-
ment par ceux qui sont experimentez, autrement
tu perdrois le temps & les frais, sans qu'il te
portat aucun profit; & quand à ces pierres,
sçache qu'il y en a beaucoup qui se trouuent en
diuerses places, principalement aux endroits sa-
bloneux & montagneux, mais en quelques-vns
plus & meilleures qu'en d'autres, car rarement
se trouue-t'il du sable sans pierres, & souuentes-
fois le sable mesme ne mãque pas ⊙ ; mais il s'en
trouue fort peu sur le bord des riuieres, pource
que l'eau lauant & emportant le sable, découure
les pierres en grande abondance, quoy qu'elles
ne se connoissent pas si aisément par le dehors,
comme celles qui sont trouuées nettes dans le
sable, à cause qu'elles sont couuertes de bouës;
c'est pourquoy il les faut rompre auec vn marteau, afin de voir ce qui est en elles ; ce qui se
connoistra mieux, si on les brusle, & esteint en
eau froide, car les pierres qui conseruent leur
blancheur apres estre rougies & éteintes, ne contiennent rien ; mais si elles deuiennent rougea-
stres, elles font voir qu'il y a quelque chose en
elles, & plus rouges elles sont, plus témoignent
elles leur valeur.

Or cecy ne se doit pas entendre des pierres sa-
bloneuses qui rougissent en quelque endroit dans
le feu, qui ne contiennent point ☽, mais des pierres desquelles on tire du feu par vne mutuelle
percussion, lesquelles plus pures elles sont, &
plus elles contiennent ⊙ plus pur. Il y a aussi
des pierres desquelles le feu en est tiré par per-

cuſſion qui rougiſſent au feu, & ne contiennent point ☉, mais du ♂, leſquelles tu connoiſtras par ce rouge clair qu'elles ont auparauant les bruſler, & eſtant bruſlées ſe changent en vn rouge obſcur qui ne luit point & qui eſt crud ; mais les pierres qui contiennent ☉ eſtant bruſlées, acquierent vne couleur jaune ☉ ou rougeaſtre, comme ſi elles eſtoient couuertes ☉, & cela ſe trouue par tout le corps, ſi elles ſont rompuës en pieces; celles-cy donnent vn pur ☉ mais les autres donnent vne extraction rouge comme ſang, bonne pour les vſages de la Chymie, mais particuliere-ment pour exalter la ☽ par ciment, car pour ☉ il s'y en trouue rarement : ce qui doit eſtre bien obſerué, autrement tu extrairas du ♂ pour de ☉, & par ce moyen perdras ton trauail

Comme auſſi les meilleures pierres qui con-tiennent ☉ ſont celles qui ſont blanches & lui-ſantes par cy par là au trauers, ayant dans toute leur ſubſtances des lignes & taches vertes, rou-ges, jaunes, bleuës, rouſſes & brunes. Il y a auſſi des pierres noires, deſquelles on tire du feu par percuſſion, contenant ☉ & ♂, deſquelles ils peu-uent eſtre ſeparez auec profit, ayant quelquefois beaucoup ☉ fereux en quantité, ſeparable par l'art, comme il ſera dit cy-apres.

Les pierres qui retiennent vne blancheur apres eſtre bruſlées ſont tres-bonnes, ayant des veines vertes & bleuës & autres ſemblables, comme anſſi celles qui apres eſtre bruſlées ont des taches noires ſans aucunes veines.

Mais les pierres, *Quartzen*, & *Hornſtein*, encor qu'elles ne s'alterent point en les bruſlant,

Neantmoins si on y voit de ☉ volatil & spirituel auparauant, d'elles-mesmes elles donnent de ☉ par la force de la separation.

Le sable gros & subtil, contient ☉ jaune, iette en la bruslant la fumée de couleur bleuë, & qui est exalté en couleur brune ; mais celle qui ne s'altere pas ne contient rien de bon.

La terre subtile, jaune ou rouge, passant au trauers du sable ou montagne, semblable à vne veine, contient aussi ☉ qui est la pluspart volatil & non meur, s'enfuyant quand on le veut reduire, ayant entrée dans ☽ & autres metaux, par cette raison se peut conseruer.

Et pour la plus grande & asseurée connoissance, tu peux éprouuer les pierres auec du verre fusible, laquelle chose est traittée dans la quatriéme Partie de mes Fourneaux, afin que tu n'ayes pas occasion de m'imputer la faute de ton erreur ; c'est pourquoy ie veux que tu entendes, que toutes les pierres ne contiennent pas de ☉ & qu'il n'est pas separable en toutes par l'esprit de sel : c'est pourquoy il te les faut connoistre auparauant que de les employer au trauail.

Maintenant s'ensuit la preparation des Pierres,
& l'extraction de ☉ qui est en elles
par l'esprit de Sel.

PRemierement les pierres estant rougies dans le feu, il les faut esteindre en eau froide, apres les tirer hors estant froides, & les mettre en fine poudre.

NB. Quand elles sont rompuës dans le mortier, la meilleure part peut estre aisément separée de la plus mauuaise ; car quand elles sont en fine poudre, tousiours la partie meilleure va en poudre rouge premierement, & la mauuaise estant plus épaisse & plus dure, ne contient que fort peu ou rien du tout : que si elles sont grossierement pilées & passées par vn fin tamis, la plus subtile part passera au trauers le tamis en poudre rouge, & ce qui ne vaut rien estant resté dans le tamis, comme vne poudre blanche qu'il faut jetter ; mais s'il y paroist quelque rougeur, il la faut mettre derechef en poudre dans le mortier, & la tamiser, & la meilleure part passera en poudre rouge, le reste doit estre jetté ; mais il te faut obseruer que toutes & chacunes de ces pierres ne sont pas separables en les mettant en poudre ; car quelques-vnes estant battuës retiennent par tout la mesme couleur, sans faire aucune separation des meilleures parties, lesquelles il te faut mettre en fine poudre, & en faire l'extraction sans aucune separation ; mais celles qui sont separables, sont plus aisées à faire l'extraction, d'autant que tout ☉ qui est contenu dans vne liure, pour le plus souuent, peut estre assemblé & tiré en trois ou quatre onces de fine poudre, separée, comme a esté dit, & comme cela il n'est pas necessaire de faire l'extraction de toute la pierre, ny d'employer tant d'esprit de sel ; mais le sable & la terre grasse n'ont pas besoin de cette preparation, mais sans aucune preparation on en fait l'extraction auec l'esprit de sel.

B. Des

℞. Des pierres cy-deſſus preparées & ſepa-
rées, 2. 3. 4. ou 6. liures, & les mets dans vne cucurbite de verre entiere, & verſe deſſus de l'eſprit de ſel, qui ſurnage de trois ou quatre doigts,
& le mets ſur le ſable ou bain chaut, afin que
l'eſprit de ſel faſſe l'extraction de ☉, & le laiſſe
comme cela l'eſpace de cinq ou ſix heures, tant
que l'eſprit ſoit teint d'vn rouge épois, & qu'il
n'en tire plus de teinture. Il pouroit arriuer qu'à
la premiere fois, quoy que rarement, il ne ſera
pas teint d'vne ſi grande teinture ; neantmoins
il te le faut tirer par inclination, & mettre ſur
d'autre poudre de pierres, & faire comme dit eſt
dans vne autre cucurbite, ſur le feu, pour en extraire ☉ ; ce fait, tire le par inclination, & le
verſe dans vn autre cucurbite où il y ait de la
poudre de pierres fraiſche, reïterant comme
cela, tant qu'il ſoit ſuffiſamment teint de ☉, lequel tu garderas à part, tant que tu en aye vne
grande quantité, afin que tout ☉ ſoit ſeparé à
vne fois hors du ſel, comme il ſera dit cy-apres.

Ce fait, remets de nouuel eſprit de ſel ſur les
pierres qui ont reſté dans la premiere cucurbite,
& le laiſſe ſi long-temps ſur le feu tant qu'il ſoit
teint, & qu'il ait extrait ☉ qui a reſté dans les
pierres, qui n'auoit pas eſté extrait à la premiere
fois ; tire le apres par inclination, & le verſe
ſur les pierres reſeruées dans la ſeconde cucurbite, & dans la troiſiéme, pour extraire le reſidu
de ☉, qui n'auoit pas eſté extrait la premiere
fois ; & ainſi pareillement aux autres reſeruées,
tant que l'eſprit de ſel ſoit ſuffiſamment coloré,
& qu'il n'en tire plus de teinture, lequel tu ti-

reras hors, & la mettras auec le premier reſerué.
Vous mettrez derechef de nouuel eſprit ſur la
matiere reſtée, afin d'extraire tout ☉ ; & ſur la
fin mettez-y de l'eau commune, afin de tirer
hors tout l'eſprit teint de ☉ qui reſte dans les
pierres, afin qu'il n'y ait point ☉ de perdu.

Ce trauail doit eſtre ſi long-temps & ſi ſouuent reïreré, tant qu'il ne reſte ny pierres ny eſprit, & dans le meſme temps vous ietterez les
pierres qui ont eſté extraites & lauées, afin
d'emplir derechef les cucurbites auec nouuelles
pierres, & continuer comme cela ledit trauail ;
& ſi vous n'auiez plus d'eſprit pour continuer
ladite extraction, vous pouuez ſeparer ☉ extrait d'auec l'eſprit, laquelle choſe ſe fait comme s'enſuit. Il faut auoir premierement vne
bonne quantité de verres, ou retortes, de la
meilleure terre, qui puiſſe retenir les eſprits,
leſquels vous emplirez ſi auant de vos eſprits
teints, tant que l'eſprit dans l'extraction ne
s'enfuye par deſſus ; quoy fait, il le faut extraire
au bain ſec peu à peu hors de ☉, duquel eſprit
vous pouuez vous ſeruir derechef comme au
premier trauail ; & ☉ qui eſt laiſſé au fond du
vaiſſeau, il le faut tirer hors auec vn fil de fer
crochu, & le garder (qui ſera comme vne terre
rouge) pour ſon vſage, iuſques à ce qu'en aye
vne bonne quantité, autant qu'il ſuffit pour en
faire la ſeparation & purgation, qui ſe fera apres
par ☿.

Mais quand tu feras l'extraction hors du talc
rouge auec l'eſprit de ſel, grenats rouge ou noir,
emery, pierre calamine, ou autres foſſiles, leſ-

quels outre ☉ fixe, contiennent beaucoup d'or,
qui n'eſt pas meur, & qui eſt volatil ; il faut que
vous iettiez dans l'extraction vn peu de fer, ſçauoir dans la diſſolution, lequel retient & fixe ☉,
qui s'enfuiroit autrement dans la fuſion ; c'eſt
pourquoy les diſſolutions & extractions de talc,
& autres choſes contenant de ☉ volatil, ſont
mieux faites auec des cucurbites de fer, ou auec
des alambics de terre, qu'auec les retortes de
verre ou de terre, d'autant que cet ☉ volatil ne
tire ſeulement que ce qui luy eſt neceſſaire pour
ſa fixation ; & ce fer eſt apres aiſément ſeparé de
☉ par ♂, cõme il ſera enſeigné cy-apres. Cecy
eſt à noter, que tout le grenat ne ſe diſſout pas
entierement dans l'eſprit de ſel, quoy qu'il ſoit
laiſſé long-temps en digeſtion, retenant tou-
ſiours ſa premiere couleur ; c'eſt pourquoy il y
a cette diference à faire, ou il faut apprendre
vne preparation qui eſt requiſe pour la diſſolution de ☉ qui eſt contenu en eux.

Et pour le talc, il ne le faut pas extraire auec
vne chaleur exceſſiue, autrement toute ſa ſubſtance ſe diſſoudroit dans l'eſprit, & empeſche-
roit ton trauail, à cauſe qu'il y a pour lors peu
de profit ; c'eſt pourquoy cela ſe fait, afin que
ce peu ☉ diſperſé dans vne grande quantité de
tal, ſoit reduit en vn petit võlume ; car il n'eſt
pas neceſſaire que tout le talc ſoit rendu fuſible,
d'autant qu'il apporteroit du dommage ; mais il
n'y a point de danger aux pierres, à cauſe que
l'eſprit de ſel ne les diſſout pas comme il fait le
talc, mais extrait ſeulement ☉, le corps de la
pierre eſtant laiſſé en ſon entier. La pierre ca-

lamine doit estre aussi gouuernée d'autre façon, dans l'extraction & fixation, que les grenats, pierres, & talc, d'autant qu'elle se dissout presque toute dans l'esprit de sel : c'est vn trauail dont il n'est pas necessaire de parler icy, à cause qu'il est particulierement traitté ailleurs de son extraction & fixation, & ie ne desire pas d'en traitter icy, mais seulement de l'extraction de O hors des pierres à feu qui se peuuent trouuer par tout ; & c'est icy le chemin de l'extraction de O hors des pierres à feu & sable par la chaleur auec l'esprit de sel, pour estre fait dans des vaisseaux de verre ; mais il y a vne autre voye aussi, qui se fait à froid sans vaisseaux de verre, lequel ie croy merite d'estre mis au iour, afin qu'auec le susdit trauail vous puissiez choisir celuy qu'il vous plaist. Il se fait comme s'ensuit. Il vous faut auoir quantité d'entonnoirs de terre bien cuits, qui ne boiuent pas les esprits ; & à leur defaut, il en faut auoir de verre tres-fort : Il faut aussi auoir vn banc, auec quantité de trous pour y mettre les susdits entonnoirs ; & au dessous il y faut placer des escuelles de verre, ou bassins, pour receuoir l'esprit de sel.

La façon du trauail par les Entonnoirs.

IL faut mettre les entonnoirs dans les trous du banc ; puis il faut premierement mettre vn gros morceau de pierre dans le plus étroit de l'entonnoir, sur lequel vous en mettrez de plus petites pieces, & par dessus celles-là encore de plus petites, autant qu'il en faut pour emplir

l'étroit de l'entonnoir, & la partie large doit
estre apres remplie de la poudre de pierres, à la
referue de trois ou quatre doigts d'épois pour
l'esprit de sel, & par ce moyen ces grosses pieces qui sont au fonds empescheront que la fine
poudre ne passe auec la fusion de l'esprit de sel.

Ce fait, mettez sur les pierres qui sont dans
l'entonnoir, de l'esprit de sel, de l'époisseur de
deux ou trois doigts, lequel trauaillera sur les
pierres, & en extraira ☉, qui tombera dans l'ef-
cuelle ou bassin qui est dessous : & d'autant que
le plus souuent il passe à la premiere fois de la
poudre auec l'esprit de sel, il vous faut coober
l'esprit sur les pierres, tant que le passage soit
bouché, & que l'esprit sorte clair ; ce fait, versez
ledit esprit dans le second entonnoir sur les
pierres, puis au troisiéme, & comme cela en-
suiuant, tant qu'il passe, ou tant qu'il soit suffisamment teint, lequel vous garderez tant que
vous en ayez vne quantité suffisante, pour estre
distilé par la retorte, pour separer l'esprit d'auec
☉ : lors cet esprit estant passé au trauers des
pierres des entonnoirs, selon l'ordre, & bien
teints, versez derechef de nouuel esprit de sel
dans les entonnoirs, selon l'ordre, commençant
par le premier (comme a esté dit) iusques au
dernier ; & quand verrez que l'esprit qui passe
ne se teint plus, c'est signe que tout O en est extrait : alors il n'y faut plus mettre d'esprit, mais
de l'eau commune, afin que l'eau en passant attire tout l'esprit de sel resté dans les pierres, &
que rien ne soit perdu, laquelle eau acide estant
gardée à part, sert pour le mesme vsage ; ce qu'es-

B iij

tant fait, tirez hors les pierres extraites, & em-
plissez les entonnoirs auec de nouuelles pierres
comme deuant, pour estre extraites, reiterant
tant que vous aurez des pierres & de l'esprit;
mais il ne faut pas messer l'esprit qui n'est pas
bien teint, auec celuy qui est bien coloré de O;
il le faut garder à part, pour le mettre sur des
nouuelles pierres preparées dans les entonnoirs,
selon l'ordre, tant qu'il soit suffisamment teint;
& estant teint, separez le par des retortes de
verre auec le reste, en faisant l'extraction hors
de O; & estant extrait, seruez vous-en dans vn
nouueau trauail de mesme que de l'autre, & par
ce moyen auec ℔100 d'esprit de sel on peut extraire ℔1000 de pierres preparées, & en separer
O qui est contenu en elles, ce qui ne peut estre
fait par la fusion, ny autrement; mais le princi-
pal poinct consiste en l'extraction (l'esprit de
sel estant bien gouuerné) afin que l'esprit ne se
gaste, ou ne se perde; & par cette voye beaucoup de pierres peuuent estre extraites auec peu
d'esprit; mais il faut remarquer dans l'extraction
qui se fait à froid, qu'il faut que l'esprit de sel
soit plus fort que dans celle qui se fait par la chaleur dans les cucurbites, autrement les affaires
n'iroient pas bien; mais auec vn fort esprit,
l'extraction se fait plustost, & en est plus aisée
par la voye froide, que par celle qui se fait auec
la chaleur, & n'est pas si dangereuse, si penible,
ny de si grande dépense. Cette extraction donc
par le froid demande vn esprit de sel plus puissant que celle qui se fait par la chaleur.

Et c'est icy la maniere par laquelle ces pier-

res O, & autres fossiles O, sont preparées, & sont
extraites auec l'esprit de sel, lequel en est aussi
separé derechef d'auec eux : maintenant ie montreray la façon de la purification de O qui a de-
meuré dans la retorte.

Le pur O estant extrait hors des pierres, non
celuy qui est ferreux, il n'est pas besoin de grand
trauail pour le purifier, car tu le peux par la fusion auec du borax, ou auec le flux qui se fait des
parties égales de nitre & de tartre ; mais O qui
est extrait des pierres, & qui est meslé auec du
♂, comme il est pour la plufpart, il ne le faut
pas fondre par le flux, d'autant qu'il ne se purifie
pas parlà, ny ne se rend pas O maleable ; il le
faut feparer par le ♄, par lequel il sera purgé &
maleable ; & si cet O a d'ailleurs aucunes impuretez soulfreuses meslées auec luy, il ne se
peut feparer par le ♄, d'autant qu'il est pour la
plufpart reduit en scories, & autres impuretez
par le ♂, auec perte ; c'est pourquoy il faut qu'il
soit purgé auec trois parts ♄, & separé : par ce
moyen il ne se perd rien. C'est la meilleure voye
pour la separation & purification de O ferreux ;
autrement il ne peut estre separé sans perte.

Le moyen de feparer ☉ impur par ♄.

IL est tres-necessaire de connoistre ce trauail,
si vous voulez auoir aucun profit de la sufdite
extraction des pierres par l'esprit de sel, lequel
fans cette reduction & feparation est de nulle
valeur. Et quel profit, ie vous prie, y peut-il
auoir à l'extraction d'vn or qui n'est pas mur?

lequel ne sçauroit estre purgé par la voye ordinaire, demandant vn Artisan industrieux dans la
fusion, par laquelle il soit separé de ses feces su-
perfluës, & fixé ; car il est aisé de conjecturer
qu'vn O si spirituel & volatil, meslé auec du ♂,
ne se peut reduire en corps par vn flux commun,
mais plustost en scories, d'autant que l'experience nous certifie que O dissout auec l'esprit
de sel, & aussi le fer, ou autre chose soulfreuse ;
l'esprit de sel en estant extrait, ne sçauroir estre
entierement reduit par le flux vulgaire fait de.
nitre & de tartre, pource qu'il s'en va en scories.
Que si cela arriue à vn pur O fixe & corporel,
se pourroit-il faire autrement auec celuy qui est
sale, volatil, & incorporel ? car O qui est extrait
des pierres, est ordinairement ferreux ; & le fer
ayant vne grande affinité auec O, (par laquelle
raison estant étroitement vnis, ils sont difficilement separez, & comme cela il s'en va plus aisément auec le ♂ en scories, qu'il n'en est separé) il vous faut par necessité faire vn flux, qui
n'attire pas seulement O, mais qui le purifie &
le nettoye ; ce qui ne se fait que par l'Antimoine
seulement, lequel auec son soulfre combustible
& fusible, trauaille aisément sur O, qui est meslé
auec le fer ; mais par son Mercure il attire à soy
le plus pur O corporel, le nettoye, & separe de
toutes scories, sans aucune perte ; c'est pourquoy
il ne se peut trouuer vn meilleur flux : Il est vray
qu'il demande vne industrieuse & ingenieuse
separation de ☿ d'auec O, sans perdre de O. Ce
qui se fait comme s'ensuit.

Prens premierement O ferreux qui a esté

laiſſé apres l'extraction de l'eſprit de ſel ; qu'il
ſoit mis en fine poudre dans vne retorte ou pot
de fer, meſles-y deux ou trois parts ♄ en poudre,
& les meſle dans vn fort creuſet, qui ſoit plein
& couuert, & le fonds dans noſtre quatriéme
Fourneau, tant qu'il fluë comme de l'eau : cela
eſtant fait, verſe le tout enſemble dans vn cornet
chaud, oingt par le dedans auec de la cire ; & lors
qu'il ſera froid, ſepare le regule de la ſcorie (qui
aura la pluſpart de ⊙) auec vn marteau , & le
mets à part ; ce fait, fonds derechef la ſcorie de
♄ (qui contient beaucoup ⊙) qui a eſté laiſſée
dans le creuſet, & y mets vn peu de limaille de
♂ ; meſle les auec vn fil de fer crochu, & le ſoul-
fre combuſtible de ♄ ſera mortifié par l'adjon-
ction du ♂, & rendra vn regule qui contiendra
le reſte de ⊙, ayant égard à la quantité du ♂ qui
a eſté mis, & il y aura plus ou moins de ſcorie :
ordinairement il répond poids pour poids , au
poids du ♂ : alors jette la maſſe, bien fluante,
dans le cornet chaud, & oingt au dedans auec de
la cire ; eſtant froid, ſepares-en derechef le regule d'auec la ſcorie, auec vn marteau, lequel
garderas auſſi à part ; fonds derechef la ſcorie
comme deuant, & la précipites auec du ♂, &
en tires le regule, lequel garderas auſſi à part,
d'autant qu'il contient de ⊙ & ☽ meſlez enſemble ; car le meilleur ⊙ eſt precipité à la premiere
fois, en ſuite la plus baſſe, & à la fin ſeulement
☽ ; c'eſt pourquoy chaque regule doit eſtre
gardé ſeparément, afin que le pur ⊙ ſoit à part,
& ⊙ argenté ou contenant ☽ auſſi à part.

Et ſi ♄ perd ſa fuſibilité par l'addition du ♂,

& qu'il ne iette plus de regule, il est necessaire
toutes les fois que la precipitation se fait par
l'addition du ♂, d'y ietter vn peu de nitre, afin
de faire fondre la masse dans le creuset pour pre-
cipiter le regule ; & tout ☉ & ☽ estant reduits
en trois ou quatre regules, il faut garder à part
la scorie qui a esté laissée, de laquelle sera parlé
cy-apres.

S'enfuit le moyen de separer ☉ & ☽ de ♁.

LEs susdits regules antimonials peuuent estre
purgez en diuerses façons ; premierement,
par le moyen des soufflets sur vne coupelle de
terre, comme est la coustume des Orfevres quãd
ils rendent ☉ fusible par ♁ : ce trauail est en-
nuyant, & ne sçauroit estre souuent fait sans danger de la santé, ny mesme en grande quantité ;
c'est pourquoy quand on sçait vne meilleure
voye, c'est vne folie de pratiquer celle-là. Le
regule peut estre aussi purifié auec du ♄ par la
coupelle : ce trauail peut estre fait en grande
quantité, mais il y faut beaucoup de charbon &
de ♄, & l'Antimoine n'y sçauroit estre con-
serué. Or il peut estre fait auec profit, mieux que
par les deux susdites façons, comme s'enfuit.
Vous pouuez, si vous voulez, calciner les regules auec du sel commun, les reduire en cendre,
& puis les fondre ; par laquelle voye ☉ & ☽ en
peuuent aisément estre tirez. Vous pouuez aussi
les fondre dans vn creuset, & par l'addition de
certains sels separer ♁ de ☉ & ☽, reduisant ☉
en scorie ; estant separez, ils se trouuent purifiez

& maleable: quoy que ce soit la voye la plus aisée, elle est neantmoins fort dangereuse ; car si vous n’y procedez auec conduite, les sels gastent & vsent beaucoup ☉ & ☽, & quelquefois laissent ☉ qui n’est pas maleable, & vous contraignent de reiterer vostre trauail.

Mais celuy qui entend à le faire auec le nitre seulement, il peut auec grand profit, en peu de temps, & en grande quantité, purifier le susdit regule, sans perdre ☉, ☽, ny ☿. Il y a aussi d’autres manieres pour cela, qu’il seroit inutile de mettre par écrit ; c’est pourquoy ie veux enseigner la meilleure de toutes, qui est grandement profitable dans la separation du regule en grande quantité. Il est premierement necessaire d’auoir vn Fourneau particulier, auec vn feu presque semblable à celuy de la premiere Partie de nos Fourneaux Philosophiques, lequel est basty pour la sublimation des fleurs : Il y manque la grille, mais il doit auoir de petits trous pour allumer les charbons, afin que ☿ se separant de ☉ soit éleué & sublimé aux vaisseaux sublimatoires. Ce Fourneau estant droitement basty & échaufé, iette dessus auec vne cuilliere autant de regule que le feu en peut porter, lequel se fondra promptement, & s’éleuera peu à peu, l’air estant attiré par les trous sans aucune difficulté ; le regule estant sublimé, il en faut ietter dauantage, si vous en auez, iusqu’à ce que le regule soit entierement sublimé & separé de ☉ & ☽, lesquels sont laissez dans le feu purs & maleables. Le Fourneau estant froid, il faut retirer les fleurs, & les garder pour l’vsage dont nous

parlerons cy-apres. Par cette voye vous ne se-
parerez pas seulement vne grande quantité de
regule hors de ☉ & ☽ en peu de temps ; mais
aussi vous garderez ♂, lequel peut seruir en
beaucoup d'vsages de l'Alchimie & Medecine,
auec grand profit : ce qui est certainement vne
belle connoissance ; car non seulement on peut
gagner beaucoup sans faire tort à son prochain,
mais encore assister quantité de malades par
cette excellente Medecine faite de fleurs. C'est
vn don particulier de Dieu, dequoy nous auons
à luy rendre graces immortelles ; & c'est icy le
meilleur de tous les moyens pour separer ☉ de
♂ que ie connoisse, lequel ne se fait pas seulement en grande quantité, dans peu de temps, &
à peu de frais, mais aussi sans perte de ♂.

S'enfuit l'vsage des Fleurs Antimoniales.

PRemierement, vous pourrez garder les
fleurs les plus blanches qui sont au pot le
plus bas, pour vne Medecine vniuerselle, auec
le sel de tartre, & reduire les autres qui ne sont
pas si pures en regule, lequel sera propre à diuers vsages, comme il sera montré cy-apres ;
ou bien vous les pouuez mesler auec poids égal
de soulfre commun, ou ♂, lesquels estant meslez & mis dans vn creuset couuert, & fondus, ils
rendront vn ♂ semblable au naturel, bon pour
purifier ☉ ; ou bien meslez les auec d'autres
metaux, ou mineraux, afin que par ce moyen ils
soient rendus meilleurs ; ou bien seruez vous-en
pour la Chirurgie, car ce sont les meilleurs em-

plaſtres ſtritiques. Enfin on ſe peut ſeruir des
ſuſdites fleurs en beaucoup de choſes auec bon
ſuccés & profit.

Les ſcories antimoniales peuuent auſſi eſtre
reduites en fleurs, & pour le meſme vſage,
comme auſſi celles qui ſont faites auec le regule, à cauſe que dans cette fuſion & ſeparation
de ☉ qui a eſté extrait des pierres & du talc, le
ſeul ☉ qui eſtoit meur & fixe, a eſté ſeparé du
regule; & ☉ qui n'eſtoit pas meur, & qui eſt
volatil, a reſté dans le ſcorie, lequel eſt éleué
auec les fleurs. Il s'enſuit donc que celles-cy
ſont meilleures, tant pour la Medecine, que
pour la tranſmutation metalique.

Ou ſi tu veux adjouſter audit ☿ du vieux ♂,
& le reduire dans le Fourneau, & prendre le
regule contenant ☉ & ☽, lequel peut eſtre mis
en vſage en autres operations Chimiques, où
il eſt beſoin de regule, comme il ſera montré
cy-apres; mais la ſcorie rend vn regule auec
vn feu violent en vn Fourneau, auec vne parti-
culiere ſeparation par extraction, quoy qu'il ne
contienne point ☉; on s'en peut neantmoins
ſeruir auec profit: comme ſi on le meſle auec
♃ dans la fonte, il le rend dur & ſonnant, tres-
vtile pour en façonner diuerſes ſortes de choſes,
& qui ne ſe noircit pas ſi aiſément que ♃ commun; & ſi tu ne le veux, tu en peux faire des
poids à peſer.

Icy nous auons traitté de l'extraction de ☉
hors des pierres à feu, & de ſa purification par
☿; maintenant ie veux vous apprendre comme
il ſe faut ſeruir du reſte de ☿, tant pour perfec-

tionner les metaux imparfaits, que pour la Medecine; auſſi bien pour conſeruer la ſanté, que
pour guerir les maladies.

Mais voyant que nous auons fait mention
d'vne Medecine vniuerſelle faite de ☿ deſſus
dit, ie ne veux pas que tu penſes qu'elle puiſſe
guerir generalement toutes intemperies ſans
diſtinction; ce qui eſt ſeulement attribué à la
pierre des Philoſophes, mais non par moy à
cette Medecine: Ie n'attribuë que ce que i'en
ay éprouué; mais ie puis aſſeurer auec verité,
qu'il n'y a apres la pierre des Philoſophes, preſque point de comparable à elle; car elle ne pre-
ſerue pas ſeulement le corps de diuerſes maladies, mais l'affranchit heureuſement de celles
dont il eſt attaqué: c'eſt pourquoy elle peut
auec raiſon porter le nom de Medecine vniuerſelle.

Voicy la preparation.

℞. DEs fleurs purifiées hors de la ſcorie ℔j à
ſçauoir de ☿, par lequel ☉ extrait a eſté
purifié, leſquelles pour la pluſpart ſont de couleur iaune, ou rouge, contenant vn ☉ volatil &
non meur; & à ſon defaut, prenez les fleurs
faites du regule doré, eſtant pour la pluſpart
blanches, leſquelles mettrez dans vn fort verre,
qui ait vn col long, & mettez deſſus trois ou
℔iiij d'eſprit de vin tartariſé; meſlez les bien enſemble, en les remuant, & mettez par deſſus vn
col crochu, dans lequel mettrez quelques onces
de ♃, comme il eſt démontré dans la cinquiéme
partie des Fourneaux Philoſophiques, bouchant

bien les jointures auec veſſie de Bœuf triple
moüillée, laquelle eſtant ſeche, places le verre
dans le bain, & donnes le feu par degrez, afin
que l'eſprit de vin & ☿ ſe puiſſent digerer, l'y
laiſſant l'eſpace de vingt-quatre heures ; & incontinent que le feu en eſt hors, tirez le vaiſſeau,
& eſtant froid, retirez ou ſeparez l'eſprit teint
en rouge d'auec les fleurs ; remettez de nouuel
eſprit, & mettez au bain comme deuant à digerer par vingt-quatre heures, tant qu'il ſoit rouge,
reïterant cela par trois fois, ou tant que l'eſprit
ne ſe teigne plus. Pour lors il n'en faut plus mettre, filtrez l'eſprit teint par le papier brun ; les
fleurs qui reſtent apres l'extraction, ne ſont plus
neceſſaires en cette affaire, leſquelles pourrez
garder à part, ou ietter ; mais il faut mettre l'eſprit teint dans vne cucurbite auec l'alambic, &
en extraire la moitié hors de la teinture, lequel
eſprit diſtilé peut ſeruir derechef au meſme trauail ; mais la teinture laiſſée dans la cucurbite,
eſt la Medecine de laquelle nous auons fait mention.

Maintenant que nous auons parlé de l'eſprit
de vin tartariſé, afin de ſatisfaire celuy qui en
pourroit douter, i'en veux icy donner la deſcription, laquelle ſe fait comme s'enſuit.

℞. 20. ou ℔ 30 de tartre, mettez les dans vne
grande retorte lutée au ſable, & en diſtilez l'eſprit à vn feu doux.

Ce trauail ſe peut mieux faire, & pluſtoſt par
l'inſtrument de noſtre ſecond Fourneau ; & d'autant qu'il requiert de grands & amples reci-
piens, à cauſe qu'il eſt tres-penetrant, vous pou-

nez appliquer premierement vn Serpent ♃ ou
♀ au col de la retorte au lieu du recipient, lequel
doit eſtre placé dans vn tonneau plein d'eau
froide, afin que les eſprits ſoient refroidis & re-
tenus par ce moyen. Il en faut apres extraire la
moitié par vne cucurbite de verre auec ſon alambic; car l'autre moitié auec l'huile noire ne ſert de
rien en ce trauail, & par cette raiſon la faut oſter. Apres cela meſlez cette ſubtile partie diſtilée
auec la moitié de la teſte morte du ſuſdit eſprit,
calcinée à blancheur, & en tirez ou diſtilez derechef la moitié par le bain, par vne cucurbite &
ſon alambic, les jointures bien cloſes, & le tartre
calciné retiendra auec luy la fetidité & le flegme
enſemble, & ne diſtilera que le plus pur & ſubtil
de l'eſprit, lequel il faut meſler derechef auec
l'autre moitié de tartre calciné en blancheur,
& retifier par vn autre alambic. La teſte morte
peut eſtre derechef calcinée pour en retirer la
fetidité, afin de s'en pouuoir ſeruir derechef.
C'eſt icy l'eſprit de vin tartariſé, auec lequel la
ſuſdite teinture & eſſence doit eſtre tirée & extraite, & nõn ſeulement de cela, mais de tous
autres metaux; ce qui ne ſe peut faire autrement.

Et s'il eſtoit neceſſaire, i'écrirois quelques autres choſes de ſa tres-grande force & vertu qu'il
a pour purifier les metaux imparfaits, auec leſquels il a vne grande affinité; car il peut ſeparer
le pur de l'impur, dequoy nous parlerons plus
amplement en autre lieu; mais quand ce n'eſt
que pour la purification des metaux, il n'a pas
beſoin d'vne ſi grande retification, comme il eſt

requis

requis à l'extraction des Medecines metaliques,
& vous le pouuez tirer en abondance hors de la
lie seche. Il y a aussi vn autre esprit de vin tartarisé, duquel on se peut seruir en la susdite operation. Il se fait comme s'ensuit. Dissoluez dans ℔
d'esprit devin, ℥ vj de cristal de tartre, laquelle dis-
solution peut seruir à la susdite extraction, & de
mesme façon.

Aduertissement.

NE conçoy pas mauuaise opinion de cette
Medecine pour estre tirée d'vne chose si
basse, & sans beaucoup de subtilité. Ne dis
point en toy-mesme : Si cecy est vray, qu'vne
si fameuse & excellente Medecine puisse estre
faite par vne voye si aisée ; à quoy nous sont necessaires tant de diuerses décoctions pretieuses,
& dégoustantes? pourquoy ne se sert-on de celle-
cy en leur place? certainement il vaudroit mieux
se seruir de celle-cy ; mais qui sera si audacieux
que d'oser déplaire à vne si grande multitude,
qui soustient cette sorte de décoctions ? certainement personne ; & il y en a peu qui puissent
abandonner leur ancienne coustume, laquelle
préuaut, encore qu'elle doiue estre corrigée.
I'espere que le temps viendra, que les Medecins
ne trauailleront pas par auarice, mais par la cha-
rité que nous deuons à nostre prochain, & que
les malades seront pleinement soulagez par leur
assistance. Mais pour la vertu d'vne si grande
Medecine, i'en feray l'ouuerture à ceux qui sont
plus ieunes & moins experimentez que moy ; ie
laisse son iugement libre à chacun.

C

Les Vertus de cette Medecine.

CEtte teinture antimonialle, éuacuë par deffus toutes les autres Medecines, les humeurs
vicieufes, & purge infenfiblement toutes les impuretez du fang, ouure les obftructions du foye,
de la rate, des reins, & autres entrailles, faifant
attraction de toutes les malignitez ; & d'autant
qu'il nettoye le fang, il guerit la lepre, la verole,
le fcorbut, & autres maladies qui prouiennent de
l'impureté du fang, par fa vertu attenuatiue &
penetrante, elle refout toutes les humeurs tartareufes, éuacuë celles qui engendrent la goutte,
la pierre des reins & de la veffie, mais non le
tartre qui eft parfaitement coagulé : toutefois il
en allege la douleur, & empefche fon accroiffe-
ment ; mais n'eftant pas dure ou coagulée, elle
l'attire & éuacuë entierement & fondamenta-
lement hors de toutes parts ; il guerit toutes fié-
ures & autres maladies prouenantes des humeurs
fuperfluës ; il éuacuë doucement les eaux qui
font entre cuir & chair, par felles & vrines, en
peu de temps ; fortifie & purge les principales
parties, & les garentit de tous accidens contre
nature : C'eft vn excellent preferuatif en temps
de pefte, & autres maladies contagieufes ; pour
ceux qui l'ont déja, c'eft vn excellent remede,
chaffant promptement toute la maladie hors
du cœur, en l'éuacuant ; en peu de mots, c'eft la
plus excellente Medecine vniuerfelle, douce &
grandement profitable aux vieils & aux jeunes ;
mais elle doit eftre diuerfement adminiftrée,

à cauſe de la force & vertu dont elle eſt doüée;
d'autant qu'elle reſſemble à vn grand feu qui en
éteint vn moindre. Certainement on ne ſçauroit
deſirer vne meilleure Medecine que celle-cy,
laquelle eſt extraite d'vne choſe baſſe & mépriſée, en peu de temps, à peu de frais, & auec peu
de peine. Ie confeſſe ingenument que ie n'ay
iamais veu ſon ſemblable, & ie ne doute point
qu'elle ne ſoit la meilleure du monde. Pourquoy donc en cherchons-nous aucune autre que
celle-cy? Elle excelle en toutes les choſes qui
ſont requiſes en la veritable Medecine; mais
encor qu'elle ſoit tres-excellente, ie ſuis certain
que pluſieurs auront mauuaiſe opinion, pource
qu'elle eſt preparée de ☿, qui eſt vne choſe vile
& mépriſée, & par vne voye facile; mais cela
n'importe, car le monde veut eſtre trompé, ad-
mirant les choſes ſplendides, & mépriſant les
choſes baſſes, quoy que Dieu meſme ſe plaiſe
en la ſimplicité.

L'vſage & la doſe de cette Medecine.

Oyant que de toutes les Medecines celle-
cy a le plus de vertu & de pouuoir, il eſt
neceſſaire qu'on en vſe diuerſement; car toûjours vne petite doſe eſt plus ſeure qu'vne grande, pource qu'elle peut eſtre ſouuent reïterée;
à quoy il faut bien prendre garde en toutes les
maladies de vieux ou de jeunes. Aux petits enfans de deux, trois, quatre, ou ſix mois, contre
les vers, galles, fievres, & epilepſie, vous n'a-
uez beſoin d'en donner qu'enuiron demy goutte

dans vn propre veïcule, laquelle il faut reïterer trois ou quatre fois le iour ; elle tuë les vers, éuacuë l'eſtomach des mauuaiſes humeurs, les recrée, & les garantit de galle, les garentit de la petite verole, & de la rougeole, ſi on en vſe tous les mois vne fois : mais aux enfans de l'âge de deux ou trois ans, il leur en faut donner vne goutte ; & aux enfans de l'âge de deux, trois, quatre, ou cinq ans, vne goutte & demie ; aux jeunes gens depuis l'âge de quinze à vingt-quatre ans, on en peut donner deux, trois, où quatre gouttes ; à des corps robuſtes, depuis l'âge de vingt-cinq à cinquante ans, quatre, cinq, ſix, ou ſept gouttes : enfin la doſe doit eſtre augmentée ou diminuée ſelon la qualité de la maladie, & du malade. Et pour la pierre, ou la goutte, on en doit donner quelques gouttes tous les iours dans du vin, ou de la biere, le matin à jeun, à moins que le malade ſoit trop foible ; car pour lors il en faut donner deux ou trois fois le iour, & continuer cela tant que le malade ſoit guery ; ſurquoy il faut obſeruer qu'il garde vne diete moderée.

Pour la lepre, la verole, & le ſcorbut, il en faut donner tous les matins vne doſe, & la maladie ſera entierement détruite. Si le malade eſt extrémement foible, il luy en faut ſeulement donner de deux iours l'vn, auſſi long-temps qu'il ſera neceſſaire.

Dans l'epilepſie, il en faut donner tous les iours, comme auſſi dans l'hydropiſie ; à toutes les fievres, deux ou trois heures auant l'accés. Pour la peſte, il en faut donner incontinent, &

repeter tous les iours ; mais pour se preseruer,
il en faut prendre vne fois toutes les semaines.
Pour toutes les autres maladies internes, il en
faut donner tous les iours jusqu'au déclin de la
maladie ; mais apres on en doit vser peu à peu,
tant que la maladie soit entierement guerie.

Aux externes, comme aux blessures nouuelles
faites par vn coup, cheute, blessure d'espée, ou
balle, os rompus, &c. tous les iours vne fois,
auec l'application exterieure necessaire des em-
plastres ; aux vieilles fistules & cancers, tous
les iours vne fois par dedans; mais par dehors il
faut que le mal soit nettoyé auec des oignemens
mineraux ; car par cette voye, pour si mauuais,
si inueteré, & desesperé qu'il puisse estre, il sera
veritablement guery, sans peine, & sans tour-
ment.

Or quoy que cette Medecine soit la plus pre-
tieuse de toutes, neantmoins il y a vn menstruë
qui n'est point corrosif, auec lequel on peut non
seulement, & auec plus de facilité qu'auec l'esprit de vin tartarisé, extraire vne Medecine vniuerselle hors de ☿, qui sera doüée de plus grandes vertus que la susdite, de laquelle pour le prix
d'vn richedalle on en peut faire vne quantité en
trois iours, qui suffira pour guerir mille hommes. Tous les vegetables, animaux & mineraux,
& metaux, sont aussi dissouts par cette Medecine, & reduits en leur premiere matiere ; & par
cette voye non seulement les poisons sont changez en tres-salutaires Medecines, mais aussi les
choses ameres sont priuées de leur amertume,
d'autant que les choses en sont tellement corri-

gées, qu'elles ne prouoquent plus le vomisse-
mens, ny les selles, qui sont de tres-violens ca-
thartiques, estant transmuez en excellens res-
tauratifs ; les fetides mesme estant corrigez, en
acquierent vne odeur agreable, & (ce qui est
merueilleux) il ne dissout pas seulement les vegetables, animaux, & mineraux, & les choses
qui en prouiennent, mais encore le verre mesme ; c'est pourquoy il faut tousiours choisir les
verres les plus forts pour les digestions & pour
les solutions ; & à leur defaut les foibles doiuent
estre changez toutes les six heures. Cette Medecine n'est nullement alterée par les choses
qu'elle reduit & tourne en sa premiere matiere
medecinale, ny en sa vertu, ny en sa couleur,
gardant tousiours le milieu, se tenant entre le
pur & l'impur, duquel l'vn tombe au fonds, &
l'autre nage sur le menstruë, qui peut encore
seruir derechef. Enfin les vertus de ce menstruë
ne sçauroient estre assez loüées pour la preparation des Medecines, & il peut bien estre comparé à l'eau Mercuriale de Basile Valentin, & à
l'Alcahest de Paracelse & d'Helmont, lequel ie
iuge estre le feu des Maccabées, tourne en vne
eau épaisse sous la terre ; c'est vn feu perpetuel
qui ne brûle pas tousiours visiblement ; c'est
vne eau permanente, ne moüillant point les
mains, le Sauon des Sages, l'Azoth des Philosophes, & le Bain Royal.

Quoy que ie connusse ce menstruë il y a quelques années, & que ie m'en sois souuent seruy
dans les metaliques, & trouué beaucoup de secrets par son moyen ; neantmoins ie ne m'en

eſtois iamais ſeruy dans la Medecine, juſqu'à ce
qu'il me fut demandé par vn amateur des eſcrits
d'Helmont, ſi ie connoiſſois la preparation de la
liqueur Alcaheſt de Paracelſe ; & comme il
m'eut parlé de quelques vertus de cette liqueur
pour la preparation des Medecines, ie commen-
çay à ſonger en moy-meſme, & remarquay que
c'eſtoit mon bain ſecret qui purifie les metaux;
c'eſt pourquoy ie l'éprouuay tout ſur l'heure
auec les vegetables & animaux (car ie connoiſſois ſa vertu dans les metaliques) & ie trouuay
des choſes incroyables & étonnantes, qui m'eſtoient inconnuës : c'eſt pourquoy i'affirme &
confeſſe ſincérement, que toutes & chacunes les
Medecines qui ont eſté inuentées par d'autres,
& par moy-meſme, pour ſi rares & cheres qu'-
elles puiſſent eſtre, ne ſont que peu de choſe à
mon jugement, puis que cette clef vniuerſelle
nous manquoit, ſans laquelle nos vegetables,
mineraux, & animaux, de quelle façon qu'on les
ſceut trauailler, ne ſçauroient eſtre parfaitement
reſouts : c'eſt pourquoy nous n'auons eu qu'vne
partie de leurs vertus ; mais à preſent nous n'a-
uons pas beſoin de beaucoup d'art, de labeur,
ny de dépenſe, pour reduire tout le corps ſans
corroſifs en ſa premiere matiere, laquelle reſſemble à vne liqueur tres-belle, iettant hors ſa
terreſtrité ſuperfluë, & deuient vne Medecine
tres-ſalutaire faite des trois principes dans leur
pureté ; ce qui ne ſe peut faire que par ce menſtruë ; car quelle autre choſe peuuent les Medecins extraire des herbes, ſinon des ſyrops, des
electuaires, des conſerues, & des eaux ? auec leſ-

quelles preparations les herbes ne ſçauroient
eſtre ameliorées, mais ſeulement qualifiées auec
addition de ſucre ou de miel, à cauſe qu'il ne ſe
fait point de ſeparation du pur d'auec l'impur,
ou du bon d'auec le mauuais, car le tout eſt laiſſé
enſemble dans les electuaires & dans les conſerues; & dans les ſyrops & dans les eaux diſti-
lées, il n'y en a ſeulement qu'vne part. Il eſt vray
que les extraits par l'eſprit de vin ne ſont pas à
mépriſer, s'ils ſont bien preparez; mais ils ne
ſont pas meilleurs que leurs ſimples, leſquels
outre cela ſont priuez de ce que l'eſprit de vin
n'en a pû tirer; & quoy que le demeurant ſoit
calciné pour en tirer le ſel, & pour le meſler
auec l'extrait, toutefois ce n'eſt pas choſe de
grande conſequence, car le feu détruit la vertu
des herbes, en ſorte que les ſels fixes, encore
qu'ils ſoient criſtaliſez, ne perfectionnent rien
dans les Medecines, excepté ceux qui ſans aucune combuſtion l'ont faite du jus des herbes,
deſquelles il eſt traitté en la troiſiéme Partie
des Fourneaux Philoſophiques. Au reſte il n'y a
perſonne qui oſe extraire des herbes efficaces
pour la Medecine, pource qu'en la preparation
elles ne ſont pas corrigées ny amandées.

Or en cette maniere les herbes les plus puiſ-
ſantes, leſquelles ſans cette preparation ne ſont
que des poiſons, ſont meuries & purifiées par
cette liqueur d'Alcaheſt; ce qui fait qu'elles
peuuent eſtre données aux maladies les plus de-
ſeſperées; car Dieu n'a point creé les herbes en
vain, comme quelques-vns penſent, puis qu'il
les a expreſſement creées pour manifeſter ſes

merueilles. Voyez l'Opium, la Mandragore, la Siguë, le Iufquiame, & autres chofes affoupif-fantes, comme quoy elles font mortelles eftant adminiftrées imprudemment ; mais eftant cor-rigées par ce menftruë, elles deuiennent douces & excellentes Medecines : combien dangereux eft l'Efula, la Scammonée, l'Ellebore, la Cata-pucte, le Gommiguta, & autres violens purga-tifs, lors qu'ils font donnez à propos. Il n'y a perfonne qui l'ignore ; toutes ces chofes font corrigées par cette voye, & changées en tres-falutaires medicamens. Qui eft celuy, ie vous prie, qui ofe manger du Napellus, des Champi-gnons, & autres vegetables veneneux? Ils font auffi tellement corrigez par cette liqueur d'Al-caheft, que non feulement ils ne font plus vene-neux, mais font tournez en douces & falutaires Medecines pour beaucoup de maladies. Nux Vomica, Coque de Leuant, & autres chofes qui troublent le cerueau, font par ce moyen tres-falutaires. Comme auffi ces animaux veneneux, tels que font les Araignées, Crapaux, Serpens, Viperes, &c. en font tellement corrigez, qu'ils n'ont pas feulement perdu leur qualité vene-neufe, mais ils refiftent & détruifent le poifon.

Confidere les Araignées qui ont vne Croix pour figne, qui changent de peau tous les mois, & fe renouuellent eux-mefmes ; ce que les Ser-pens & l'Alcion ne font qu'vne fois l'année. Plufieurs fçauent la grande vertu qu'ont les Vers de terre cruds, &c. au mois de May, pour refou-dre les humeurs tartareufes, & la verole. Qu'eft-ce qu'ils ne feront donc pas, s'ils font corrigez

par ce menſtruë? Les Cantharides, & mille
pieds, autrement Cloportes, ſont auſſi tellement corrigez, qu'ils peuuent eſtre mis plus ſeu-
rement en vſage pour prouoquer l'vrine; & ſi
on pouuoit auoir ce grand & veneneux Baſilic,
dont les Fables font mention, qui tuë les hommes par ſa ſeule veuë (ce qui eſt faux ſelon la
lettre) il pourroit eſtre changé en Medecine par
cette liqueur d'Alcaheſt, de meſme que ce Baſilic mineral, la poudre à Canon, qui tuë dans
vn moment vn nombre infiny d'hommes; comme auſſi l'Arſenic, l'Orpiment, le Kobolt, &
ſemblables, ils peuuent eſtre priuez de leur malignité, & reduits en tres-excellentes Medecines.
Enfin ſes excellentes vertus, qui ſont manifeſtes
pour corriger le venin des ſimples, ne ſçauroient
eſtre ſuffiſamment décrites: c'eſt pourquoy il
merite que nous employions nos ſoins à le chercher de tout noſtre pouuoir, afin que nous puiſſions preparer des Medecines admirables, &
qu'à l'aduenir les malades ne ſoient pas ſi tour-
mentez auec des boiſſons ameres & importunes.
A la verité ie ne ſçaurois aſſez admirer ſes grandes vertus, qui ont eſté ſi long-temps cachées.
Ce n'eſt pas vne choſe corroſiue, & neantmoins
il diſſout toutes choſes, mais quelques-vnes plus
viſte que les autres. Il change & ameliore leur
vertu naturelle; c'eſt pourquoy il peut eſtre la
conſolation des Spagiriques, qui ont cherché
long-temps de rares Medecines, eſtant celle par
laquelle les vegetables ſont ſeparez & corrigez;
comme auſſi les animaux & mineraux. Cela doit
obliger vn Medecin conſcientieux d'auoir en

recommandation la preparation de ce menstruë vniuersel, par le moyen duquel il peut preparer les Medecines : son origine, & sa preparation, sont viles ; mais sa vertu est tres-efficace, son inuention & son vsage tres-difficile à trouuer ; c'est pourquoy on ne le peut obtenir que par vn don de Dieu, duquel procede toute sorte de bien. Ne pense donc pas que la gloutonnerie, l'yurognerie, la meschanceté, la vanité, & la menterie, soient le chemin par lequel on y paruient, veu que c'est vn don de ce Dieu misericordieux ? mais afin que tu sçaches ce qu'il faut déterminer concernant la preparation des Medecines preparées des simples veneneux, ie le veux briefuement exposer. Par exemple, voy tous les vegetables, animaux, & mineraux, qu'on appelle poisons, & qui font la guerre à la Nature humaine, lors qu'ils sont donnez au dedans, & pourtant non sans cause rejettez de tout le monde, ils sont semblables à vn ennemy inuincible, qui cherche de tout son pouuoir d'oppresser & de détruire son aduersaire ; mais estant arresté par vn Mediateur qui n'a pas moins de force, & reconcilié auec son contraire, il n'a plus cette malignité qu'il auoit auparauant sa reconciliation, l'autre ne pouuant resister à vn si puissant ennemy, estant fait son amy, & le secourant à l'encontre des autres ennemis semblables & inuincibles. Il en est de mesme aux venins, vegetables, animaux, & mineraux, détruisant la Nature humaine, lesquels par la liqueur Alcahest, qui est comme le réconciliateur, sont si corrigez, qu'ils ne portent aucun dommage ; & de

plus grands ennemis qu'ils eſtoient, ils ſe preſ-
tent vne mutuelle aſſiſtance apres la reconciliation. Il n'y a point de choſe ſemblable dans la
Nature, qui puiſſe ſi promptement corriger les
poiſons, les reduire en leur premiere matiere, &
en faire vne eſſence ſalutaire. Ainſi ie finis cette
declaration, qui n'a pas eſté eſcrite ſans raiſon,
& qui touchera ces cœurs qui ne ſont pas endur-
cis. C'eſt icy certainement la veritable correction Philoſophique, auec laquelle ce qui eſt
malin eſt reduit en vne ſubſtance ſalutaire. A
quoy peut ſeruir cette correction, qui eſt faite
par la mixtion d'autres choſes, comme des ca-
thartiques & cordiaux ? En verité rien du tout,
meſme les cordiaux ne font que débiliter les ca-
thartiques, car la Nature n'eſt pas capable de
détruire vn purgatif veneneux en vne fois, ny
d'attirer vne choſe confortatiue, ou corrobora-
tiue ; pource qu'vne purgation eſtant donnée
incontinent, elle met ſa malignité dans le corps,
à laquelle malignité la Nature reſiſte & s'éforce
de chaſſer l'ennemy, auparauant qu'elle en puiſſe
attirer l'amy confortatif ; c'eſt pourquoy cet
amy eſt chaſſé auec ſon ennemy. Le meſme arriue dans le meſlange du ſucre, miel, & autres
choſes douces, auec les ameres, acides, &c. Les
choſes déplaiſantes ne ſont pas corrigées par les
choſes douces, mais elles acquierent vn gouſt
& vne ſaueur diferentes, ſans aucune autre alteration eſſentielle. Cette correction eſt ſemblable à celles qui ſe font dans les Tauernes, pour
corriger auec des fumées odoriferantes l'air qui
eſtoit infecté auparauant par les crachats, vo-

miſſemens, & puanteurs des yurognes. Elle leur
eſt agreable, quoy qu'ils attirent auſſi bien la
mauuaiſe que la bonne odeur aromatique, d'autant qu'ils ſont priuez de jugement ; mais elle
ne le ſeroit pas aux perſonnes ſobres qui ont l'v-
ſage de la raiſon. De la meſme façon ſont corrigez aujourd'huy les ſimples ; mais vne veritable
& philoſophique correction eſt faite par elle-
meſme, ſans addition d'autre choſe, par le benefice du feu ſeulement tant actuel que potentiel,
humide, meuriſſant, ſeparant, & corrigeant la
malignité : ce qui ſe fait par la liqueur Alcaheſt,
comme il eſt appellé par Paracelſe & par Helmont.

Or de ſçauoir ſi ma liqueur eſt le meſme Alcaheſt de Paracelſe, & d'Helmont, il n'importe,
pourueu qu'elle ait les meſmes vertus.

Le feu & la vertu du feu peuuent faire beaucoup, non pas en brulant & détruiſant, mais par
nutriction & maturité, entretenant & humec-
tant. Touchant ce feu humide, voyez Artephius,
Bernard, Baſile, Paracelſe, &c. La maturité
ne ſe fait iamais par choſes froides, mais par les
chaudes, leſquelles produiſent vn germe. Si par
hazard la Nature a laiſſé quelque choſe d'im-
parfait dans le Royaume vegetable, mineral, &
animal, il peut eſtre corrigé par le moyen de
l'art auec la liqueur d'Alcaheſt, qui eſt la meilleure correction, iuſqu'à ce que par le benefice
de l'Art, & par l'aſſiſtance de la Nature, on ait
inuenté quelque remede plus excellent.

Et ce ſont icy les vertus incroyables de cette
liqueur Alcaheſt, duquel l'vſage ſert pour la pre-

paration des Medecines ; & d'autant qu'il a esté
dit cy-deuant qu'il montre aussi ses vertus dans
les metaliques, ie ne sçaurois les cacher aux stu-
dieux. Il ne sera pas icy fait mention de toutes,
car il est doüé d'vn si grand nombre, qu'il est im-
possible à homme mortel de les pouuoir nom-
brer.

Les vertus de l'Alcaheft, qui sont manifestées dans les Metaliques.

PRemierement ce menstruë Philosophique
dissout radicalement tous les mineraux &
metaux sans violence, & les reduit en de douces
& salutaires medecines; de ☉, il s'en fait ☉ potable; de ☽, ☽ potable; & par consequent des
autres metaux, des metaux potables ; de telle
façon qu'il peut bien estre appellé le Mercure
vniuersel.

Secondement, il purge, laue, & transmute
les mineraux & metaux en vn espece plus noble;
c'est pourquoy il peut bien estre appellé le Sauon de Sapience, par lequel le dire des Philosophes est confirmé, *le Feu & l'Azoth blanchissent le
Laton.*

Troisiémement, par luy tous les mineraux &
metaux sont meuris & fixez ; de sorte qu'apres
cela ☉ ou ☽ qui ne sont pas meurs, & qui sont
incorporez en iceux, peuuent estre tirez hors
par la coupelation auec profit ; c'est pourquoy il
peut estre, auec raison, comparé au seau d'Her-
mes.

Quatriémement, il rend les metaux volatils, &

les conjoint radicalement enſemble ; tellement
qu'ils ſouſtiennent le feu, & l'vn opere dans l'autre dans le feu, il détruit & viuifie, tuë & reſuſ-
cite ; c'eſt pourquoy il eſt comparé au Phenix.

Cinquiémement, il ſepare les metaux meſlez
ſans aucune perte, & fort promptement ; mais
d'vn autre façon que les menſtruës coroſifs, de
ſorte que chacun ſe peut ſeparer à part, par
exemple ſur le point de ſeparer ☉, ☽, ♀, ♂, ♃,
& ♄ meſlez enſemble, ou bien deux, trois, ou
quatre d'eux meſlez, de façon que chacun pa-
roiſſe ſeparément ſans perte d'aucun, vous n'a-
uez pas beſoin de coupeler ce mélange auec ♃,
par laquelle voye ☉ & ☽ en ſont extraits, & tout
le reſte perdu ; mais par cette voye ils ſont tous
preſeruez & ſont retirez l'vn apres l'autre tres-
puiſſamment & doucement en l'eſpace d'vne
demy heure, par ce tres-fort vinaigre des Philoſophes.

Sixiémement, les metaux ſont ſoudainement
mortifiez & reduits en vn verre tranſparant, in-
reducible, ſemblable à vn *Amauſe*, mais ſe re-
ſeruant la nature & proprieté de chaque metal,
lequel dans la reduction de ☉ donne de parfait
☽, par lequel le dire des Philoſophes eſt confirmé, *la corruption d'vne choſe eſt la generation d'vne
autre* : comme auſſi celuy de Paracelſe ; *de quelque choſe ſe fait rien, & de rien quelque choſe.* Au
reſte cette huile incombuſtible, ou eau perma-
nante, montre la verité des eſcrits des Philoſophes, leſquels generalement aſſeurent que la
ſolution, putrefaction, diſtilation, ſublimation,
circulation, aſcention, deſcention, coobation,

inceration, calcination, coagulation, fixation, &
fermentation, &c. se font dans leur trauail, en
vne fois, en vne maniere & dans vn seul vaisseau.
Dans cette seule operation toutes les couleurs
apparoissent, desquelles les Philosophes font
mention, comme la teste de Courbeau, le laict
Virginal, le sang de Dragon, la queuë de Paon,
Lyon verd & rouge, &c. Par cette liqueur d'Alcahest, on voit la verité du discours Hermeti-
que ; *Ce qui est en haut est comme ce qui est en bas,*
&c. & beaucoup d'autres choses sont executées,
comme le secret Chalyps de Sendiuogius, &
l'huile de Talc qui est tant recherchée.

C'est iusques où est allée mon experience;
mesme ie ne doute point que ie n'obtienne par
son moyen cette vniuerselle Salemandre, qui
vit dans le feu.

Ces choses que i'escris sont tres-veritables,
quoy qu'elles soient incroyables aux ignorans,
à cause de ses merueilleuses vertus. Ie le vou-
drois publier au monde pour le bien public,
mais par consideration ie n'ay pas iugé à propos
de le communiquer pour certaines causes;
neantmoins de peur que la science ne perisse,
& afin que la veritable & presque esteinte Medecine, pour la guerison des maladies vulgaire-
ment incurables, puisse estre mise en vsage, i'ay
découuert ce secret menstruë à deux de mes
amis, sa separation, & son vsage.

Mais toy ne penses pas à cause que i'ay écrit
de ces choses si hautes, que i'entendes de rendre
le secret commun à tous en general. Ie ne l'en-
tends pas comme cela; mais ie fais mon possible
pour

pour confirmer celuy qui cherche, & luy donner occasion de chercher plus auant, pour trouuer ce secret, dans lequel il ne trouuera pas seulement la verité de mes paroles, mais par son exercice il trouuera tous les iours des choses plus grandes que celles-cy.

Et d'autant que ie n'ay iamais aspiré à la vanité des richesses & des honneurs, ie pourrois bien estre persuadé de laisser à d'autres mes labeurs les plus difficiles, à cause que dans mon vieux âge ces trauaux sont penibles & fort ennuyeux; outre cela la Philosophie m'a montré vn autre chemin, tellement que i'ay determiné de m'abstenir de tout mon pouuoir de ces vanitez, & de chercher le bien permanant, & vne vie tranquille, mais mon conseil ne manquera pas à ceux qui les cherchent.

Voyant & remarquant la verité infaillible des escrits des Anciens qui sont calomniez par des enuieux ignorans, ie ne puis m'empescher de defendre leurs paroles, & de venger leurs injures en peu de paroles, montrant la possibilité de la transmutation metalique; mais ie n'affirme point que par l'art que i'ay exercé beaucoup d'années, & par la possibilité que ie defends, i'aye gagné beaucoup de bien; d'autant que ie n'ay pû faire des essais qu'en petite quantité pour trouuer la possibilité sans aucun profit, seulement en particulier; car ie n'ay iamais fait aucun essay en aucune chose du trauail vniuersel, le reseruant iusqu'à ce que i'aye vn temps & vn lieu plus conuenable. Toutesfois ie ne veux pas dénier vne telle Medecine vniuerselle,

D

d'autant que i'en ay veu les principes & les fon-
demens de l'art ; c'eſt pourquoy i'ay deſſein
d'oſter tous les obſtacles des ſoins domeſtiques,
& d'en faire l'épreuue ; car qui pourra douter
plus long-temps de ſa poſſibilité, veu qu'elle eſt
prouuée par de tres-excellens hommes, meſme
par des Roys & par des Princes?

Ce menſtruë eſt ſuffiſant pour defendre les
eſcrits des Philoſophes, ſans la tranſmutation
metalique, & ie croy veritablement que le temps
s'approche, auquel Dieu, auant que de iuger le
monde par le feu, montrera ſa grande puiſſance
aux Nations, par la reuelation & incroyable
force des choſes naturelles, dont la tranſmutation des metaux n'eſt pas la moindre. Ie la de-
clareray dans la troiſiéme Partie de l'Operation
minerale, au profit de mon prochain, & pour
la verité.

Ie vais montrer comme quoy le ſuſdit regule
des fleurs & ſcories de ♁ peut eſtre mis en
vſage, pour l'amelioration des metaux im-
parfaits, en ſorte neantmoins que l'art ne
ſoit point profané.

LE regule ♁ eſtant vne humeur radicale metalique, peut faire de grandes choſes ; car
eſtant reduit en eau ſans aucun corroſif, il diſſout tous les metaux, les nettoye, laue, meurit,
purifie & les change en meilleure eſpece, de telle
façon qu'on en peut retirer vn profit particulier
qui n'eſt pas à mépriſer : Mais comme quoy il

peut eſtre reduit en eau, & diſſoudre les metaux
par icelle, les rẽdre volatils, & les fixer derechef,
il a eſté mõtré par Artephius, Baſile, & Paracelſe;
c'eſt pourquoy il n'eſt pas neceſſaire de repeter
icy leurs eſcrits, auſquels ie renuoye le Lecteur.

Non ſeulement le regule; mais auſſi toute
ſorte ♁ peut ſeruir en diuerſes manieres pour la
ſeparation des metaux, & pour l'extraction de
☉ caché, ce qui ne peut eſtre fait ſans ♄, comme il ſe verra par l'exemple ſuiuant. Quand
vous trouuez vne marcaſſite ou autre foſſile
ferreux, qui reſiſte & ne ſe veut rendre à l'é-
preuue du ♄, mettez-y trois parts ♁, & eſtant
bien meſlez, fondez-les dans vn creuſet couuert,
& eſtant fondus, verſez-les dans le cornet, &
quand tout eſt froid ſeparez le regule, lequel pur-
gerez derechef par le feu, comme deuant, &
vous trouuerez de ☉ qui eſtoit dans le foſſile,
s'il en eſtoit abondant, & qu'il eut dauantage
☉; car on ne le tire pas tout à vne fois auec le
premier regule, il faut faire vn autre regule en y
mettant dauantage de fer & nitre, lequel eſt auſſi
d'vne nature approchante de ☉; & ſi ces mar-
caſſites & foſſiles ne ſont point ferreuſes, vous
pouuez y mettre, ou meſler dans la premiere
fuſion, du fer & nitre, autrement ils ne rendront
point de regule; en y mettant dauantage d'eſ-
caille de fer, vous ferez dauantage de regule, &
pour le meſme vſage que celuy duquel a eſté
parlé cy-deuant en la fuſion & ſeparation de
l'extraction de ☉, les poids peuuent eſtre auſſi
faits des ſcories. Par ce moyen ſont facilement
ſeparez la pierre calamine, marcaſſite, xobolt,

zain, talc, & autres foſſiles contenant de ☉.

Au reſte tout ce qui contient de ☉, comme celuy de Stirie, Carinthie, de Grenate & Tranſ-ſiluanie, &c. peut tres-aiſément eſtre ſeparé par cette voye auec profit ; & ſi le fer n'auoit point ☉, pourueu que ☿ en ait, il peut eſtre ſeparé par fuſion auec le fer; ſi on en fait vn regule le reſte de ☿ peut eſtre derechef fondu auec nouueau fer , & nouueau nitre de plus grand poids que celuy-là, mais moins que celuy-cy, & eſtre reduit en regule propre pour l'vſage ſui-uant. Des ſcories on en doit faire des poids afin que rien ne ſoit perdu.

Si tu as ☿ ℔100. lequel contienne deux du-cats, & que tu en veüille ſeparer ☉. Prens le poids de ℔100, diuiſé en trois ou quatre parts, fonds-le ſelon l'art, y ioignant vn peu de fer & de ſel de freſne, & les reduits en petits regules, du poids d'vne ou deux liures : pour lors fonds la ſcorie auec la moitié de ſon poids de fer dans vn creuſet fort & large, & tu auras dauantage de regule, enuiron ℔50. ou dauantage, & de ſcorie ℔40. dont tu feras des poids, ou des balles pour vn canon, &c. le reſte enuiron 8. ou ℔9. s'en va en fumée, & comme cela tu as reduit ☉, qui eſtoit en ℔100 de poids, en vne ou ℔11. leſquels tu peux ſublimer en fleurs, laiſſant ☉ au feu pour leur vſage; mais les 50. ou ℔60. preparé par le moyen de beaucoup de fer, elles ont fort peu ou point ☉, tu le peux meſler auec ♃, pour le rendre plus beau, plus dur , & ſonnant, & pour faire diuerſes ſortes de belles choſes, comme plats, eſcuelles, &c. Car ♃ meſlé auec le regule

ressemble ☽ en blancheur & dureté, sonnant de
mesme que luy; il ne se salit pas si aisément que
celuy qui n'est pas meslé.

Maintenant voyons quel profit prouient de
la separation de ce ♄ si méprisé. Posez le cas
que ℔100. ♄, coustent trois richedales; car la
plusfart du Polonois est vendu pour cela, &
quoy que celuy d'Hongrie & de Transiluanie
soit plus cher, neantmoins celuy-cy a plus ☉,
ausquelles ioignez ℔60. de vieux fer, qui est
vendu pour demy richedalle, que les frais des
charbons & creusets necessaires vaillent vn
demy richedalle dauantage, la dépense de tout
n'est que quatre richedalles, au lieu desquelles ie
prens deux ducats, en ☉ ℔60. de regule, ℔80.
de scorie, & vne ou ℔11. de fleurs. Les ℔60. de
regule peuuent estre vendus au prix de ♃, c'est
pourquoy la liure est venduë vn quart de richedalles, & par ce moyen tout le prix est quinze
richedalles; lors les ℔80. de scorie peuuent estre
vendus à 40 s. ou pour le moins 24 s. ou vne
demy richedalle, & le tout conté & rabatu,
comme ils sont, restera seize richedalles.

Et quoy que ♄ ne rendit qu'vn ducat, & que
℔1. de regule ne fut venduë que la huitiéme
partie d'vne richedalle, neantmoins le reste sera
six richedalles, & dans vn iour deux hommes
peuuent aisément separer ℔200.& supposé qu'il
ne contienne point ☉, comme quelque ♄ n'en a
point, neantmoins on peut gagner iournelle-
ment quatre ou cinq richedalles.

Mais quand tu as ℔100. ♄, qui contient 3. 4.
ou 5. ducats, & que le fer requis à la separation

contienne vn ou deux ducats, alors il y a d'autant
plus de gain. Que celuy donc qui entreprend
cette affaire cherche le meilleur ♀ & ♂, & il
pourra aisément gagner tous les iours 20. 30. &
quelquefois 60. richedalles.

Et si tu peux auoir tant de regule, que tu ne le
puisses tout mesler auec ♃, pour n'en auoir pas;
alors il peut estre vendu en parcelles, de façon
que ℔. se vendent pour la quatriéme partie
d'vne richedalle, par laquelle voye le profit iour-
nalier de separation ne diminuëra pas, au contraire il augmentera, comme il se verra par le
discours suiuant. Le regule de ♁ est l'espece mas-
culine du ♄ son premier estre estant ☉ impur, &
non meur; mais le premier estre du ♄ commun,
est ☽ impur & non meur, comme l'experience
le témoigne, car toussiours ♁ purgé & fixé donne
de ☉, mais le ♄ commun donne seulement ☽; &
d'autant que ♁ qui est meilleur que le ♄ commun est appellé le ♄ des Philosophes, ou leur ♄
secret, appellé comme cela de plusieurs, mais
connu de peu de gens, non que la chose soit inconnuë, ou d'vne origine inconnuë, mais à raison de ses vertus & proprietez cachées. Ie dis
que toutes ses vertus ne sçauroient estre connuës
par homme mortel, quoy qu'il eut cent ans pour
chercher cette nature admirable; car le centre de
toutes ces merueilles ne se peut iamais trouuer.

Son Vsage.

Ayant fait mention du regule d'Antimoine,
qui est ♁, & meilleur que le commun, il
faut aussi qu'il purifie les metaux, les laue, & en

separe ☉, & ☽, qui est caché en eux ; ce que le commun peut faire, auquel si on adjouste les metaux il en attire la partie la plus impure dans la coupelle, & la conuertit en scorie, & l'entraisne en bas auec luy dans la porosité des cendres, laissant le plus pur ☉ & ☽ dans la coupelle, mais de quelques-vns, comme de ♃, ♂, & de ♄, qui n'obeïssent pas au plomb, il n'en peut extraire leur ☉, & ☽, & il n'y a personne qui ait écrit la voye de cette separation ; Il est vray que Lazarus Erxer, & d'autres aussi, ont décrit la maniere pour separer ☽ hors de ♃, & ♂, laquelle ne doit pas estre méprisée. S'il estoit accidentellement meslé auec la Lune, il se peut separer par cette voye, mais non pas s'il a esté engendré radicalement, & meslé auec eux, pource qu'il demande vn autre ♄, qui embrasse volontairement ♃ & ♂; ce qu'aucune autre chose ne peut faire que le regule.

Mais comme ♃ & ♂, pour la pluspart contiennent beaucoup ☉ & ♂, particulierement ♃, qui est inseparable du commun; il vaut bien mieux chercher vn autre ♄, & vn autre moyen de separation, comme il se voit appertement chez les affineurs, lesquels éprouuent le ♃ & ♂ par la voye commune sur le test. Cependant que le ♃ & le ♂ liquefiez dans le plomb, montrent leur opiniastreté, quittant par vne proprieté naturelle & contraire, s'éleuant par dessus en guise de scorie ou cendres, sans aucune separation, à la reserue de l'or & de l'argent, s'ils sont meslez ensemble accidentellement, lesquels demeurent auec le ♄, mais non pas s'ils sont cachez dans leur milieu ou centre : Mais afin que cette verité paroisse, ie la veux montrer par vn exemple. Mettez sur le test au dessous d'vne tuille 16. parts de ♄ & vne ♃, à la façon des espreuues, donnez feu de fonte pour separer la scorie ; lors presque tout ♃ s'enfuira ou sera bruslé au fond & separé comme cendres au dessus du plomb sublimé, lequel n'est point priué de son ☉ & ☽ incorporez ensemble, ce que ie montreray apres. Quand tout ♃ est sublimé & calciné hors du plomb, le test qui est au dessous de la thuile estant osté, & le reste du ♄ répandu, tu ne trouueras pas dauantage ☽ apres la coupellation, que ce que les 16. parties de ♄ contenoient auparauant si elles n'auoient pas esté coupellées auec ♃, & mesme quelquefois moins, vne partie estant ostée dans l'examen par le ♃ ; le mesme se fait auec le ♂ encore qu'on y adjoustat du ♀ auec du verre de ♄ pour retenir le ♃ & ♂, & pour en separer leur ☉ & ☽, on n'auanceroit rien ; car bien que par ce moyen on pût extraire quelque peu d'argent dauantage, cela ne viendroit pas de ♃, ny de ♂ : mais de ♀ ; c'est pourquoy il le faut tirer par vne autre voye, dont nous parlerons en suite.

Et dans le mesme temps ie veux prouuer clairement que la separation de ♃, & ♂ par le ♄ commun pour en tirer leur ☉ & ☽ n'est de nulle valeur, parce que demeurant en eux, ils sont reduits en cendres ou scories.

Prenez quel ♃ que ce soit, & le reduisez en cendres par le ♄, ou par agitation dans vn vaisseau de terre poly (l'éprouuant auparauant par la voye commune pour en pouuoir faire la dif-

tinction) lequel calcinerez bien, afin que ♃
corporel en grain puiſſe eſtre calciné, ou qu'eſtant fondu, il puiſſe eſtre ſeparé des cendres :
alors prenez vne part de ces cendres, & du flux,
ſuiuant ſix parts, ou dauantage : les ayant meſlez, fondez les dans vn fort creuſet à feu violent, tant que le flux ait conſommé toute la
chaux de ♃, & que des deux il n'en ſoit fait
qu'vn, à ſçauoir vn verre rouge, ou jaune, lequel peut eſtre éprouué auec vn fil d'archal crochu mis dedans : s'il n'eſt pas encore clair, il faut
couurir derechef le creuſet, & donner plus grand
feu, tant que l'épreuue ſoit parfaite. Ce trauail
eſt finy en demie heure ; ce fait, iettez le dans vn
mortier de bronze, & le couurez tant qu'il ſoit
froid, de peur qu'il ne s'enfuye par haut, & qu'il
ne ſe perde.

Apres mettez le en poudre, à laquelle il faut
meſler le poids égal de limaille de ♂ ; eſtant
meſlez, mettez les dans vn creuſet fort & couuert, d'autant que le flux eſt fort penetrant, &
donnez grand feu de fuſion pendant demie
heure ; ce fait, tirez le hors, car ♃ a fait ſeparation, & reduit quelque partie de ♄ du flux, ſe
retirant au fonds, qui ſe peut ſeparer eſtant
froide, & eſtre reduite en ſcorie ſur le teſt, &
en ſuite eſtre coupellée : alors vous trouuerez
vn grain ☉, tirez de ♃, ſans aucun ☽. Et ſi auparauant vous auez peſé moins de ℔ɪoo de
chaux ♃, & en ſuite ce grain d'or, vous pouuez
aiſément iuger combien ☉ eſt contenu dans
℔ɪoo de poids de cendres ♃, pour le moins
trois, quatre, cinq, où ſix onces le tout, ſi voſtre
trauail a eſté iuſte.

Vous voyez donc que la faute ne doit pas estre imputée aux metaux, mais aux ignorans de la separation de ☉ & ☽.

Il ne faut pas pourtant que tu te persuades de gagner beaucoup de richesses par cette voye de ♃, car ie n'ay pas écrit cecy à cette fin, mais seulement pour en faire voir la possibilité ; & si tu penses que ☉ vienne du fer par le flux, mesle la limaille de ♂ auec le flux, auparauant y mettre la chaux ♃, & tu trouueras en ce faisant que ☉ ne vient pas du flux ou du ♂, mais de ♃. Donc estant asseuré que c'est ♃ qui contient ☉, tu peux considerer comment il se tire tres-conuenablement auec d'autre ♄, & par autre voye, comme il sera dit cy-apres, Et ne pense pas que ♃ ne contienne dauantage ☉ que tu as entendu, car il y en a dauantage, s'il en est sagement extrait. Ie ne dénie pas qu'il ne se puisse tirer dauantage ☉ de ♃ ; mais il se faut donner plus de soin qu'à celuy-cy, si tu en desires auoir dauantage. On le peut extraire non seulement par le flux, mais par plusieurs autres maximes ; car ce qui en est écrit, n'est que pour montrer la possibilité que ☉ qui est contenu dans les imparfaits, peut estre extrait par vne preparation secrette.

Le Flux requis à cette Operation.

℞. VNe part de sable blanc & pur, ou de pierres à feu, ne contenant point ☉ fusible, ausquels vous mettrez trois parts de litarge de ♄ : estant meslez, fondez les dans vn fort creuset, afin qu'il s'en fasse vn verre iaune transf-

parant, lequel verſerez afin qu'il ſe produiſe;
puis le mettez en poudre, & vous en ſeruez en
la maniere ſuſdite. Si vous demandez comment
ſe meſle le ſable & les pierres, veu qu'ils ne ſont
pas de nature metalique; ie réponds, que la
chaux ♃, non plus que les autres foſſiles qui
reſiſtent, ne peuuent eſtre examinez par le ♄
ſeul, pour les raiſons ſuiuantes, d'autant que
dans la calcination de ♃ ſa nature metalique eſt
cachée, & ſes parties impures & terreſtres ſont
manifeſtées; c'eſt pourquoy il n'a plus d'affinité
auec le ♄, & autres metaux, ſi les parties cachées du plomb, & des autres metaux, ne ſont
manifeſtées, & ſi les manifeſtes ne ſont cachées;
car pour lors ils s'embraſſent aiſément l'vn l'autre, & ſont derechef bien meſlez enſemble,
comme ſans alteration.

Pour ce qui eſt de l'alteration des autres metaux, ce n'eſt pas icy le lieu d'en traitter, mais
ſeulement de celle du ♄ & ♃, dont nous auons
fait la veritable deſcription.

Le plomb reduit en cendres par luy-meſme, ou
en litarge, & priué de ſa forme metalique, ne
peut eſtre mis en vſage dans ce trauail ſans le
ſable, ou ſans les pierres, pour les raiſons ſuiuantes. Le ♄, & le verre de plomb fait par luy-
meſme, eſt grandement fuſible & volatil, & la
chaux ♃ ſe fond difficilement; & quand ces
deux chaux ſeroient meſlées pour eſtre fonduës
dans vn creuſet, toutefois elles ne ſe meſſeroient
pas, ny eſtant fonduës ne s'embraſſeroient pas
l'vne l'autre, à cauſe de la diference de leur fuſibilité, d'autant que la chaux de plõb ſe font aiſé-

ment toute seule par vn petit feu, perce & penetre le creuset, la chaux de ♃ demeurant dans le creuset ; c'est pourquoy il faut joindre du sable ou des pierres auec le ♄, pour empescher sa fusibilité, afin qu'il puisse endurer le mesme degré de chaleur auec ceux qui sont difficiles à fondre ; car chaque chose embrasse & affecte mutuellement son semblable, comme l'eau fait l'eau ; l'huile, l'huile ; le verre, le verre ; & les metaux, les autres metaux ; mais l'eau ne se mesle pas auec l'huile, ny aussi les verres auec les metaux, mais les metaux auec les metaux, & le verre auec le verre, quoy qu'il soit fait de metaux ou de sable. Ainsi ceux qui meslent les chaux des metaux difficilement meslables, ou autre chose dure auec le ♄ pour les examiner, errent grandement, ne considerant pas que le ♄ corporel n'a point d'affinité auec eux, ils persistent dans leur erreur, & par consequent ne treuuent rien qui vaille.

Mais quand la chaux des metaux est jointe auec le ♄ par vn medium, comme le sable & les pierres, & qu'il en est fait vn verre transparant ; alors le ♄ estant precipité & separé du meslange, il ne se peut que ☉ & ☽ contenu en eux ne soit tiré auec luy. C'est icy vne veritable & philosophique épreuue, laquelle ne doit estre méprisée, d'autant que beaucoup de choses peuuent estre faites par son moyen.

Mais il ne faut pas oublier que dans la mutuelle mixtion & fusion du verre de ♄ & de la chaux ♃, & d'autres metaux durs, on pourroit aisément errer en la precipitation (qui est faite

auec le meſlange du fer) de ☉ auec le ♄ dans le
regule ; de ſorte qu'on ne gagne rien, à cauſe
de l'excés ou du defaut ; car ſi le meſlange demeure long-temps dans le feu ſans fondre, il ſe
brûle ; de ſorte qu'il ne ſçauroit eſtre bien ſeparé, s'il demeure trop long-temps en fonte,
☉ eſt attiré par la ſcorie, à cauſe du meſlange
du ♂, ayant grande affinité auec ☉ : par cette
voye on ne gagneroit rien, c'eſt pourquoy ce
trauail doit eſtre fait differemment auec ſageſſe
& induſtrie. Il faut auoir ſoin de ne point brûler
le regule du ♄ auec trop de feu, quand tu le reduits en ſcorie, de peur d'attirer O hors du ♂, &
le reduire en ſcorie ; & quoy que cecy puiſſe
eſtre préueu par induſtrie, neantmoins nous ne
pouuons pas tout ſur l'heure faire que chacun
ſoit Maiſtre aux Arts, car ce trauail requiert
grande diligence & exercice journalier, outre la
lecture des Liures ; mais ce ſecret ſera commu-
niqué autre part.

Ie te fais donc cette admonition, afin que tu
ne m'imputes point ton erreur, mais à toy-
meſme : ce que i'ay écrit eſt veritable, & de là
n'en infere point vne impoſſibilité de l'attarac-
tion de O hors du ♄ par le ♂, ny de ſa reduction en ſcorie ; ce qui ne m'étonne point, quoy
qu'il te ſemble incroyable. Mais afin que tu en
ſois certain, aſſeure-t'en par l'épreuue ſuiuante.
Prens ℔ 200 de ♄ du poids le plus bas des Affineurs, mets les ſur le teſt dans la tuille auec huit
ou dix plotons de pur O, de ♃ deux ou ℔ iij, &
6. ou ℔ 7 de ♂ du poids le plus bas ; fais les fondre enſemble pendant vne heure, pour le reduire

en ſcorie, comme les Examineurs ont couſtume
de faire ; alors tire le, & ſepare le ♄ des ſcories,
pour coupeller ce qui eſt ſeparé : alors peſe les
grains ☉ laiſſez, & tu trouueras que la moitié
a eſté conſommée par les ſcories. Que ſi cela ſe
fait d'vn ☉ corporel & fixe, pourquoy ne ſe
fera-il pas de ☉ nouuellement extrait hors des
metaux imparfaits ? c'eſt pourquoy il te faut
chercher diligemment la nature des metaux, &
pour lors les choſes ne te ſeront pas incroyables.

　　On voit donc par cet exemple, & par les autres dont nous auons fait mention, que la ſeparation qui eſt faite par le teſt & par les coupelles
n'eſt pas legitime & veritable, & par conſequent
qu'il faut chercher vne autre ſeparation des metaux plus profitable ; d'autant que par celle-cy
la plus grande partie de ☉ & ☽ ſe bruſle en ſcorie, dont l'experience rend témoignage. C'eſt
pour cela que les ſuſdits exemples ont eſté mis
en auant, à quoy ſe rapporte auſſi la façon de la
preuue pour ſçauoir combien les ſcories ont
attiré d'or. Ce qui ſe fait en la maniere ſuiuante.
℞. Le reſidu des ſcories noires, auſquelles tu
ioindras le double de leur poids de ſel de tartre,
mets-le dans vn creuſet qui ne ſoit remply qu'à
moitié, de peur qu'il ne s'en aille par l'ebulition,
& le couure en ſorte que rien ne tombe dedans,
ſous la tuille ou entre les charbons ardens, l'eſpace d'vne ou deux heures à digerer, & il ſe pré-
cipitera vn nouueau regule de ♄, lequel eſtant
ſeparé hors de la ſcorie, ſera coupellé, & tu trouueras de nouueaux grains d'or attirez par le ♂
de la ſcorie, & ſeparez par le ſel de tartre, lequel

domine la ferocité du fer. Ainfi tu as entendu par deux exemples, comme quoy dãs la coction de la feparation ☉ peut eftre tiré du ♄, par le ♃ & ♂; c'eft pourquoy il eft neceffaire que ☉ foit feparé des fufdits metaux par le regule d'antimoine, & non par le ♄, fi tu defires en extraire la veritable fubftance auec profit.

L'or peut eftre auffi feparé du verre de ♄, eftant premierement diffout auec les cendres de ♃, auec poudre de charbon, le mettant en flux, & le remüant auec vn fil de fer, comme auffi auec du fouphre commu, le bruflant par deffus; mais la fufdite maniere auec le ♂ doit eftre preferée aux autres deux qui gaftent ☉, &c. c'eft pourquoy les fcories reftantes doiuent eftre recueillies, defquelles par le moyen d'vne autre fournaife attractiue, on peut recouurer ☉ & ☽ qui en ont efté perdus.

Toutes ces démonftrations n'ont efté alleguées que pour faire voir que ☉ qui eft dans ♃ & ♂, peut eftre feparé par le regule ♁, & non par le ♄. Or, comme quoy cette preparation fe doit faire, vous l'entendrez dans la troifiéme Partie, là où nous traitterons du plomb fpecifié par Paralfe, dans fon Liure appellé, *le Ciel des Philofophes*, & autres trauaux chimiques & artificiels; c'eft pourquoy nous n'en dirons rien, comme eftant fuperflu de difcourir d'vne mefme chofe en diuers endroits ; cependant exerce-toy aux chofes les plus petites, afin que tu fois plus intelligent dans les plus grandes. Ne t'eftonne point de ma liberalité à publier de fi grands Secrets, i'ay raifon de le faire, d'autant que ie ne puis porter vn si grand fardeau tout seul ; & il ne sert de rien aux riches & aux auares de vendre leurs biens à ceux qui ne gardent pas leur parole, & qui ne payent point apres qu'ils ont eu le secret, ce qui m'est arriué : C'est pourquoy i'ay resolu de communiquer quelques Secrets indifferemment à tout le monde, afin que le pauure en reçoiue du profit, sçachant bien qu'encore que i'escriue clairement, neantmoins tout le monde ne me comprendra pas d'abord. Il y en a qui ont la teste si dure, qu'ils ne sçauroient imiter vn trauail, quoy qu'ils l'ayent veu plusieurs fois. Plusieurs m'ont visité souuēt pour voir ma nouuelle façon de distiler ; neantmoins apres l'auoir veuë ils ne l'ont pas sceu imiter, iusqu'à ce que par de frequentes operations, ils ont rencontré la veritable methode. D'autres ont abandonné le trauail, lors qu'il ne leur reüssit pas aussi-tost qu'ils le souhaittoient. Si cela arriue à ceux qui ont vne démonstration oculaire, il arriuera bien plus aisément à ceux qui en ont seulement leu, où oüy dire quelque chose ; c'est pourquoy ie suis certain que quand bien ie publierois tous mes Secrets en general & en particulier, ils ne pourroient pas estre executez par toutes sortes de personnes.

Et pour l'Esprit de Sel qui est necessaire à ce trauail, vous le trouuerez dans la premiere Partie de mes Fourneaux, laquelle est corrigée ; & le moyen de la separation dans la quatriéme Partie.

F I N.